一流博士生教育
体现一流大学人才培养的高度（代丛书序）①

人才培养是大学的根本任务。只有培养出一流人才的高校，才能够成为世界一流大学。本科教育是培养一流人才最重要的基础，是一流大学的底色，体现了学校的传统和特色。博士生教育是学历教育的最高层次，体现出一所大学人才培养的高度，代表着一个国家的人才培养水平。清华大学正在全面推进综合改革，深化教育教学改革，探索建立完善的博士生选拔培养机制，不断提升博士生培养质量。

学术精神的培养是博士生教育的根本

学术精神是大学精神的重要组成部分，是学者与学术群体在学术活动中坚守的价值准则。大学对学术精神的追求，反映了一所大学对学术的重视、对真理的热爱和对功利性目标的摒弃。博士生教育要培养有志于追求学术的人，其根本在于学术精神的培养。

无论古今中外，博士这一称号都和学问、学术紧密联系在一起，和知识探索密切相关。我国的博士一词起源于 2000 多年前的战国时期，是一种学官名。博士任职者负责保管文献档案、编撰著述，须知识渊博并负有传授学问的职责。东汉学者应劭在《汉官仪》中写道："博者，通博古今；士者，辩于然否。"后来，人们逐渐把精通某种职业的专门人才称为博士。博士作为一种学位，最早产生于 12 世纪，最初它是加入教师行会的一种资格证书。19 世纪初，德国柏林大学成立，其哲学院取代了以往神学院在大学中的地位，在大学发展的历史上首次产生了由哲学院授予的哲学博士学位，并赋予了哲学博士深层次的教育内涵，即推崇学术自由、创造新知识。哲学博士的设立标志着现代博士生教育的开端，博士则被定义为独立从事学术研究、具备创造新知识能力的人，是学术精神的传承者和光大者。

---

① 本文首发于《光明日报》，2017 年 12 月 5 日。

　　博士生学习期间是培养学术精神最重要的阶段。博士生需要接受严谨的学术训练，开展深入的学术研究，并通过发表学术论文、参与学术活动及博士论文答辩等环节，证明自身的学术能力。更重要的是，博士生要培养学术志趣，把对学术的热爱融入生命之中，把捍卫真理作为毕生的追求。博士生更要学会如何面对干扰和诱惑，远离功利，保持安静、从容的心态。学术精神，特别是其中所蕴含的科学理性精神、学术奉献精神，不仅对博士生未来的学术事业至关重要，对博士生一生的发展都大有裨益。

独创性和批判性思维是博士生最重要的素质

　　博士生需要具备很多素质，包括逻辑推理、言语表达、沟通协作等，但是最重要的素质是独创性和批判性思维。

　　学术重视传承，但更看重突破和创新。博士生作为学术事业的后备力量，要立志于追求独创性。独创意味着独立和创造，没有独立精神，往往很难产生创造性的成果。1929年6月3日，在清华大学国学院导师王国维逝世二周年之际，国学院师生为纪念这位杰出的学者，募款修造"海宁王静安先生纪念碑"，同为国学院导师的陈寅恪先生撰写了碑铭，其中写道："先生之著述，或有时而不章；先生之学说，或有时而可商；惟此独立之精神，自由之思想，历千万祀，与天壤而同久，共三光而永光。"这是对于一位学者的极高评价。中国著名的史学家、文学家司马迁所讲的"究天人之际，通古今之变，成一家之言"也是强调要在古今贯通中形成自己独立的见解，并努力达到新的高度。博士生应该以"独立之精神、自由之思想"来要求自己，不断创造新的学术成果。

　　诺贝尔物理学奖获得者杨振宁先生曾在20世纪80年代初对到访纽约州立大学石溪分校的90多名中国学生、学者提出："独创性是科学工作者最重要的素质。"杨先生主张做研究的人一定要有独创的精神、独到的见解和独立研究的能力。在科技如此发达的今天，学术上的独创性变得越来越难，也愈加珍贵和重要。博士生要树立敢为天下先的志向，在独创性上下功夫，勇于挑战最前沿的科学问题。

　　批判性思维是一种遵循逻辑规则、不断质疑和反省的思维方式，具有批判性思维的人勇于挑战自己，敢于挑战权威。批判性思维的缺乏往往被认为是中国学生特有的弱项，也是我们在博士生培养方面存在的一个普遍问题。2001年，美国卡内基基金会开展了一项"卡内基博士生教育创新计划"，针对博士生教育进行调研，并发布了研究报告。该报告指出：在美国

清华大学优秀博士学位论文丛书

夏热冬冷地区
住宅供暖特征研究
及新型平板热管末端开发

孙弘历 （Sun Hongli） 著

Research on the Heating Characteristics of Residential
Buildings in Hot Summer and Cold Winter Regions
and the Development of Novel Flat-Heat-Pipe Terminal

清华大学出版社
北 京

内 容 简 介

本书面向绿色建筑、建筑节能等领域相关研究人员,以夏热冬冷地区供暖问题为切入点,针对实际的绿色低碳行为供暖需求场景,开展了新型间歇性可调动态供暖的舒适性环境营造方法研究。

本书针对夏热冬冷地区住宅现有供暖形式存在的问题、如何从理论与实测对该问题进行系统化剖析与挖掘和开发适宜于夏热冬冷地区间歇性供暖需求的新型供暖末端展开了网络调研、现场实测、理论分析、实验验证,深入开展了夏热冬冷地区住宅现有供暖末端的特征分析和优化路径探索,提出了基于平板热管的新型供暖空调末端,对其实际运行特征和应用潜力展开了研究分析,为未来新型供暖空调末端领域的发展提供了参考。

图书在版编目(CIP)数据

夏热冬冷地区住宅供暖特征研究及新型平板热管末端开发/孙弘历著.—北京:清华大学出版社,2023.8
(清华大学优秀博士学位论文丛书)
ISBN 978-7-302-63250-4

Ⅰ. ①夏… Ⅱ. ①孙… Ⅲ. ①住宅—采暖—研究 ②供热管道—研究 Ⅳ. ①TU83

中国国家版本馆 CIP 数据核字(2023)第 057952 号

责任编辑:戚 亚
封面设计:傅瑞学
责任校对:赵丽敏
责任印制:刘海龙

出版发行: 清华大学出版社
  网　　　址:http://www.tup.com.cn,http://www.wqbook.com
  地　　　址:北京清华大学学研大厦 A 座　　邮　　编:100084
  社 总 机:010-83470000　　邮　　购:010-62786544
  投稿与读者服务:010-62776969,c-service@tup.tsinghua.edu.cn
  质量反馈:010-62772015,zhiliang@tup.tsinghua.edu.cn
印 装 者: 三河市东方印刷有限公司
经　　销: 全国新华书店
开　　本:155mm×235mm　　**印　　张:**11.75　　**字　　数:**199 千字
版　　次:2023 年 8 月第 1 版　　**印　　次:**2023 年 8 月第 1 次印刷
定　　价:109.00 元

产品编号:098316-01

和欧洲,培养学生保持批判而质疑的眼光看待自己、同行和导师的观点同样非常不容易,批判性思维的培养必须成为博士生培养项目的组成部分。

对于博士生而言,批判性思维的养成要从如何面对权威开始。为了鼓励学生质疑学术权威、挑战现有学术范式,培养学生的挑战精神和创新能力,清华大学在 2013 年发起"巅峰对话",由学生自主邀请各学科领域具有国际影响力的学术大师与清华学生同台对话。该活动迄今已经举办了 21期,先后邀请 17 位诺贝尔奖、3 位图灵奖、1 位菲尔兹奖获得者参与对话。诺贝尔化学奖得主巴里·夏普莱斯(Barry Sharpless)在 2013 年 11 月来清华参加"巅峰对话"时,对于清华学生的质疑精神印象深刻。他在接受媒体采访时谈道:"清华的学生无所畏惧,请原谅我的措辞,但他们真的很有胆量。"这是我听到的对清华学生的最高评价,博士生就应该具备这样的勇气和能力。培养批判性思维更难的一层是要有勇气不断否定自己,有一种不断超越自己的精神。爱因斯坦说:"在真理的认识方面,任何以权威自居的人,必将在上帝的嬉笑中垮台。"这句名言应该成为每一位从事学术研究的博士生的箴言。

提高博士生培养质量有赖于构建全方位的博士生教育体系

一流的博士生教育要有一流的教育理念,需要构建全方位的教育体系,把教育理念落实到博士生培养的各个环节中。

在博士生选拔方面,不能简单按考分录取,而是要侧重评价学术志趣和创新潜力。知识结构固然重要,但学术志趣和创新潜力更关键,考分不能完全反映学生的学术潜质。清华大学在经过多年试点探索的基础上,于 2016年开始全面实行博士生招生"申请-审核"制,从原来的按照考试分数招收博士生,转变为按科研创新能力、专业学术潜质招收,并给予院系、学科、导师更大的自主权。《清华大学"申请-审核"制实施办法》明晰了导师和院系在考核、遴选和推荐上的权力和职责,同时确定了规范的流程及监管要求。

在博士生指导教师资格确认方面,不能论资排辈,更要看重教师的学术活力及研究工作的前沿性。博士生教育质量的提升关键在于教师,要让更多、更优秀的教师参与到博士生教育中来。清华大学从 2009 年开始探索将博士生导师评定权下放到各学位评定分委员会,允许评聘一部分优秀副教授担任博士生导师。近年来,学校在推进教师人事制度改革过程中,明确教研系列助理教授可以独立指导博士生,让富有创造活力的青年教师指导优秀的青年学生,师生相互促进、共同成长。

在促进博士生交流方面，要努力突破学科领域的界限，注重搭建跨学科的平台。跨学科交流是激发博士生学术创造力的重要途径，博士生要努力提升在交叉学科领域开展科研工作的能力。清华大学于2014年创办了"微沙龙"平台，同学们可以通过微信平台随时发布学术话题，寻觅学术伙伴。3年来，博士生参与和发起"微沙龙"12 000多场，参与博士生达38 000多人次。"微沙龙"促进了不同学科学生之间的思想碰撞，激发了同学们的学术志趣。清华于2002年创办了博士生论坛，论坛由同学自己组织，师生共同参与。博士生论坛持续举办了500期，开展了18 000多场学术报告，切实起到了师生互动、教学相长、学科交融、促进交流的作用。学校积极资助博士生到世界一流大学开展交流与合作研究，超过60%的博士生有海外访学经历。清华于2011年设立了发展中国家博士生项目，鼓励学生到发展中国家亲身体验和调研，在全球化背景下研究发展中国家的各类问题。

在博士学位评定方面，权力要进一步下放，学术判断应该由各领域的学者来负责。院系二级学术单位应该在评定博士论文水平上拥有更多的权力，也应担负更多的责任。清华大学从2015年开始把学位论文的评审职责授权给各学位评定分委员会，学位论文质量和学位评审过程主要由各学位分委员会进行把关，校学位委员会负责学位管理整体工作，负责制度建设和争议事项处理。

全面提高人才培养能力是建设世界一流大学的核心。博士生培养质量的提升是大学办学质量提升的重要标志。我们要高度重视、充分发挥博士生教育的战略性、引领性作用，面向世界、勇于进取，树立自信、保持特色，不断推动一流大学的人才培养迈向新的高度。

清华大学校长

2017年12月5日

丛书序二

　　以学术型人才培养为主的博士生教育,肩负着培养具有国际竞争力的高层次学术创新人才的重任,是国家发展战略的重要组成部分,是清华大学人才培养的重中之重。

　　作为首批设立研究生院的高校,清华大学自20世纪80年代初开始,立足国家和社会需要,结合校内实际情况,不断推动博士生教育改革。为了提供适宜博士生成长的学术环境,我校一方面不断地营造浓厚的学术氛围,一方面大力推动培养模式创新探索。我校从多年前就已开始运行一系列博士生培养专项基金和特色项目,激励博士生潜心学术、锐意创新,拓宽博士生的国际视野,倡导跨学科研究与交流,不断提升博士生培养质量。

　　博士生是最具创造力的学术研究新生力量,思维活跃,求真求实。他们在导师的指导下进入本领域研究前沿,吸取本领域最新的研究成果,拓宽人类的认知边界,不断取得创新性成果。这套优秀博士学位论文丛书,不仅是我校博士生研究工作前沿成果的体现,也是我校博士生学术精神传承和光大的体现。

　　这套丛书的每一篇论文均来自学校新近每年评选的校级优秀博士学位论文。为了鼓励创新,激励优秀的博士生脱颖而出,同时激励导师悉心指导,我校评选校级优秀博士学位论文已有20多年。评选出的优秀博士学位论文代表了我校各学科最优秀的博士学位论文的水平。为了传播优秀的博士学位论文成果,更好地推动学术交流与学科建设,促进博士生未来发展和成长,清华大学研究生院与清华大学出版社合作出版这些优秀的博士学位论文。

　　感谢清华大学出版社,悉心地为每位作者提供专业、细致的写作和出版指导,使这些博士论文以专著方式呈现在读者面前,促进了这些最新的优秀研究成果的快速广泛传播。相信本套丛书的出版可以为国内外各相关领域或交叉领域的在读研究生和科研人员提供有益的参考,为相关学科领域的发展和优秀科研成果的转化起到积极的推动作用。

　　感谢丛书作者的导师们。这些优秀的博士学位论文，从选题、研究到成文，离不开导师的精心指导。我校优秀的师生导学传统，成就了一项项优秀的研究成果，成就了一大批青年学者，也成就了清华的学术研究。感谢导师们为每篇论文精心撰写序言，帮助读者更好地理解论文。

　　感谢丛书的作者们。他们优秀的学术成果，连同鲜活的思想、创新的精神、严谨的学风，都为致力于学术研究的后来者树立了榜样。他们本着精益求精的精神，对论文进行了细致的修改完善，使之在具备科学性、前沿性的同时，更具系统性和可读性。

　　这套丛书涵盖清华众多学科，从论文的选题能够感受到作者们积极参与国家重大战略、社会发展问题、新兴产业创新等的研究热情，能够感受到作者们的国际视野和人文情怀。相信这些年轻作者们勇于承担学术创新重任的社会责任感能够感染和带动越来越多的博士生，将论文书写在祖国的大地上。

　　祝愿丛书的作者们、读者们和所有从事学术研究的同行们在未来的道路上坚持梦想，百折不挠！在服务国家、奉献社会和造福人类的事业中不断创新，做新时代的引领者。

　　相信每一位读者在阅读这一本本学术著作的时候，在吸取学术创新成果、享受学术之美的同时，能够将其中所蕴含的科学理性精神和学术奉献精神传播和发扬出去。

清华大学研究生院院长

2018 年 1 月 5 日

导师序言

　　我国夏热冬冷地区冬季住宅室内环境问题的解决方法一直是公众关注的焦点,尽管历经多个国家重大项目,该问题迄今仍没有得到妥善的解决。随着我国提出 2030 年碳排放达峰以及 2060 年实现碳中和的目标,夏热冬冷地区供暖领域的节能减排工作任务更加艰巨,实现住宅供暖领域舒适与能耗综合最优是未来工作的重点。

　　本书瞄准夏热冬冷地区居住建筑低碳/零碳供暖空调相关理论和关键技术开展研究:首先采用"调研-实测-理论-实验"的供暖末端特征研究方法,实现了对夏热冬冷地区住宅现有供暖末端供暖特性的科学认知,并明确了适宜于夏热冬冷地区住宅的新型供暖末端优化方向;进一步地,提出将平板热管的高效传热技术应用于辐射供暖末端领域,并建立了基于平板热管的供暖空调末端形式;在此基础上,建立了平板热管供暖空调末端强化换热的优化方法,提出了基于平板热管的辐射、对流相结合的新型供暖末端形式,为适用于多种热源与应用场景的高灵活性间歇性新型供暖空调末端的发展提供了技术支撑。

　　孙弘历是本人指导的优秀博士生,本书面向建筑节能、绿色建筑领域相关的研究者,其内容围绕夏热冬冷地区居住建筑"部分时间、局部空间"低碳/零碳环境营造理念下的新型供暖空调末端展开。本书涉及机理创新、产品设计和样机研发,选题属于建筑节能领域前沿。

林波荣

清华大学建筑学院

2022 年 7 月

摘　要

近 20 年,我国夏热冬冷地区的城镇化率与经济水平快速提高,当地居民对冬季舒适性供暖的需求也日益增加。随着我国提出 2030 年碳排放达峰和 2060 年实现碳中和的目标,夏热冬冷地区供暖领域的节能减排工作任务更加艰巨,如何在控制碳排放总量的基础上实现该地区住宅的舒适性供暖是解决其供暖现存问题的关键,也是缓解后期碳减排压力与争取低碳转型所需时间的重要手段。因此,本书通过对夏热冬冷地区住宅供暖需求与现有供暖末端特征的深入研究分析,提出了适宜于夏热冬冷地区住宅高间歇性舒适节能新型供暖末端,为实现能耗控制与居民舒适等目标的综合最优提供了技术支撑。

本书首先重点研究夏热冬冷地区住宅供暖需求与末端实际供暖现状特征,包括通过 5276 份网络问卷调研居民的使用方式与实际需求和对 4 个典型城市中 37 户典型住宅供暖末端运行特征的实地测试等。进一步地,通过对不同供暖末端的实验测试与对比分析,明确现有供暖末端各自优势与存在问题,并结合基于㶲分析理论的供暖末端性能评价方法,以“量”“质”变化定量评价其间歇供暖时对热源品位的利用率和内部传热特性,确立了新型末端优化路径。基于实际需求与优化路径,本书进一步提出了基于平板热管的间歇性新型辐射供暖空调末端,并搭建了具体末端设备与实验平台,对其应用于辐射供暖空调的可行性展开研究。最后完成了平板热管供暖空调末端强化换热结构设计与运行策略的优化,实现了供暖供冷功率大幅度提升,为其应用于实际供暖空调提供了支撑。该末端形式不仅可在电动热泵驱动下实现辐射供暖空调,降低夏热冬冷地区化石能源碳排放量,也适用于办公室和学校等使用空调较为灵活的场景。

本书的创新点在于:①采用“调研-实测-理论-实验”的供暖末端特征研究方法,实现对夏热冬冷地区住宅现有供暖末端供暖特性的科学认知,并明确了适宜于夏热冬冷地区住宅的新型供暖末端优化方向;②提出将平板热管的高效传热技术应用于辐射供暖末端领域,并建立了基于平板热管的供暖空调末端形式；③建立平板热管供暖空调末端强化换热的优化方法，提出了基于平板热管的辐射、对流结合的新型供暖末端形式，为适用于多种热源与应用场景的高灵活性间歇性新型供暖空调末端的发展提供了技术支撑。

关键词：夏热冬冷地区住宅供暖；末端实测探究；新型供暖空调末端；平板热管

Abstract

In the past 20 years, the demand for comfortable indoor heating is increasing with the development of urbanization and economic level in hot summer and cold winter (HSCW) regions in China. Chinese government proposed the goal of carbon emission peaking in 2030 and neutralization in 2060, which makes it important to achieve energy conservation and emission reduction in HSCW regions. The key to solving the current problems is finding both comfortable and energy-saving heating measures for the regions on the basis of controlling the total carbon emission. Meanwhile, it is also an important means to reduce the pressure of carbon emission reduction and the time required for low-carbon-emission transformation. Thus, based on the analysis of heating demand and the characteristics of the existing heating terminal in HSCW regions, this book proposes a novel intermittent heating terminal for HSCW residential buildings, providing technical support for realizing the comprehensive optimization of energy consumption and comfort.

Firstly, this book mainly focuses on the heating demand of HSCW regions and the actual heating characteristics of heating terminals, including the use mode and internal demand of residents through 5276 network questionnaires, and the field test on the operation characteristics in 37 families of 4 cities. With the combination of experimental tests and comparative analysis of different heating terminals, this book clarifies the existing advantages and problems and defines the optimization path of the novel heating terminal. Furthermore, a theoretical analysis method of the different heating terminals based on Ji theory is proposed in this research, which focuses on the utilization of heat source grade and internal heat transfer characteristics from the aspect of "quantity" and "quality". Then we propose a novel intermittent radiant heating terminal based on flat-heat-pipe. The specific terminal equipment and experimental platform are constructed to study the feasibility of its application in radiant heating and air conditioning. Based on the flat-heat-pipe form, this book optimizes the design of the novel flat-heat-pipe heating terminal. The heating and cooling power are greatly improved by heat transfer enhancement measures and operation strategy optimization, which lays the foundation for its application in actual heating and air conditioning. Furtherly, this terminal can not only be driven by the electric heat pump and reduce the growth of fossil energy carbon emissions in HSCW regions but also be suitable for flexible application in office space.

The innovations of this book are as follows. First, the heating characteristics of existing heating terminals in HSCW regions are studied and the necessity of developing novel heating terminals is also clarified through investigation, experiments, and theoretical analysis. Second, this book proposes applying the efficient heat transfer technology of flat-heat-pipe to the field of the radiant heating terminal and establishes the terminal form of heating and air conditioning based on flat-heat-pipe. Third, the optimization method for heat transfer enhancement of flat-heat-pipe terminal is established, and a new type of radiation-convection terminal form based on flat-heat-pipe is proposed, which provides feasible technical support for the development of the new type of heating and air conditioning terminal.

Keywords: Heating in hot summer and cold winter regions; Terminal measurements; Novel heating terminal; Flat-heat-pipe

符号和缩略语说明

主要符号

A	面积,m^2	
c	热容,$J/(kg \cdot K)$	
G	质量流量,kg/h	
h	换热系数,$W/(m^2 \cdot K)$	
k	等效换热系数,W/K	
q	传热量,W	
T	温度,$℃$	
V	风量,m^3/h	

希腊字母

Δe	㶲耗散,$W \cdot K$
ΔE	累积㶲耗散,$kW \cdot h \cdot K$
ρ	密度,kg/m^3
τ	时间参数,s

下标

a	环境
dis	耗散量
es	围护结构内表面
f	末端
fs	地板表面
f-i	末端-室内传热过程
hs	热源加热
i	室内
ia	室内空气
i-o	室内-室外传热过程
lower	底部

o	室外
oa	室外空气
R	平均辐射
rw	热源回水
s	热源
sup	热源提供量
sw	热源供水
s-f	热源-末端传热过程
upper	顶部

缩略语

ASHRAE	美国供暖制冷空调工程师学会(American Society of Heating, Refrigerating and Air-Conditioning Engineers)
HSCW	夏热冬冷地区(hot summer and cold winter)
TSV	热感觉投票(thermal sensation vote)
PMV	预测平均评价(predicted mean vote)
CFD	计算流体力学(computational fluid dynamics)
MRT	平均辐射温度(mean radiant temperature)

目　录

Contents

第1章 引　言

1.1　研究背景与界定

1.1.1　研究背景

2020 年 9 月 22 日,习近平总书记在第 75 届联合国大会上表示我国"二氧化碳排放力争于 2030 年前达到峰值,努力争取 2060 年前实现碳中和"[1]。这不仅是为了应对国际气候变化,也是满足国内高质量发展需求、为人类社会发展做出新贡献的重大宣誓。图 1.1 展示了建筑节能领域近年来的发展情况[2]。

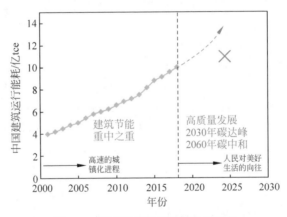

图 1.1　我国建筑节能领域发展趋势

近 20 年,我国经济快速发展,城镇化进程高速推进,城镇人口数从 2000 年的 4.6 亿(占总人口数的 36.2%)增加到 2018 年的 8.3 亿(占总人口数的 59.6%)[3]。高速的城镇化进程带动我国建筑业持续发展,自 2006 年至 2013 年,我国民用建筑竣工面积从每年 14 亿 m^2 快速增长至每年 25 亿 m^2,随后每年增量基本稳定为 25 亿 m^2,截至 2018 年,我国民用建筑面积总量高达 601 亿 m^2[4]。清华大学建筑节能研究中心对我国民用建筑能耗开展了长期研究并建立中国建筑能耗模型(China Building Energy Model),其结果显示我国建筑运行能耗总量从 2001 年到 2018 年大幅增长,其中总商品能耗从 2001 年的 4 亿 tce(tce 为吨标准煤当量)增长到 2018 年的 10 亿 tce[5]。根据清华大学建筑节能研究中心的估算,2018 年我国建筑运行能耗总量约占全国能源消费总量的 23%,二氧化碳排放占中国全社会总二氧化碳排放量的 20%。为了实现 2030 年碳达峰与 2060 年碳中和目标,建筑领域碳减排与节能工作任务艰巨,面对当下的情况与困难,只有在 2035 年以前所做的碳减排努力越多,后期的减排压力才能相对越小、转型所需时间才能越短。清华大学建筑节能研究中心关于建筑领域二氧化碳达峰与碳中和的分析中指出,夏热冬冷地区住宅的冬季供暖现状可能会使当地直接碳排放量持续增长,需要重点关注该地区的供暖问题,发展相应的供暖技术。

我国在 20 世纪 50 年代能源紧缺,经研究,国家最终决定以"秦岭—淮河"一线为界,北方为集中供暖区,南方为非集中供暖区。我国夏热冬冷地区(长江流域地区)位于分界线以南,没有集中供暖措施。但是自改革开放以来,夏热冬冷地区经济迅猛发展,2010 年人口已高达 5.5 亿,该地区国民生产总值占全国生产总值近 50%[6]。夏热冬冷地区夏季湿热,冬季湿冷,在不供暖的条件下,住宅室内大部分时间低于卫生学要求的 12 ℃ 最低标准[7]。随着夏热冬冷地区居民生活水平提高,对冬季供暖的需求也日益增加。在 2012 年南方罕见的冰雪冰冻灾害对夏热冬冷地区的居民日常生活产生了极大的影响之后,夏热冬冷地区的供暖问题也上升到了国家战略层面。2012 年全国"两会"上,全国政协委员张晓梅提案建议将集中供暖延伸至南方地区[8],引起了巨大社会反响。对此,中华人民共和国住房与城乡建设部回应:"南方地区应当科学地选择适宜方式,采用分散、局部的供热方式,解决个性化采暖需求"[9]。事实上北方集中供暖方式基础投资大,输配能耗高,存在室内高温低湿、运行能耗高的特点[10],且南北方冬季室外气温差异显著,如果将北方集中供暖的模式照搬至南方,其碳排放量势必持续增长[11]。为了解决夏热冬冷地区供暖问题,国家在近二十年持续支持相关研究,包括由东南大学张小松老师团队负责的"十一五"项目、同济大学张旭老师团队负责的"十二五"项目与重庆大学李百战老师团队负责的"十三五"项目。

夏热冬冷地区住宅供暖问题的核心就是节能减排与舒适居住的矛盾。为了追求舒适,越来越多的居民选择使用户式燃气壁挂炉和效仿北方的区域锅炉集中供暖;而大规模的集中、类集中供暖势必会造成碳排放持续增加,进一步阻碍我国实现 2030 年碳排放达峰的目标。目前夏热冬冷地区住宅的供暖存在多元的特征,居民采用了多种多样的供暖方式,如房间空调器、基于燃气壁挂炉的辐射地板、基于燃气壁挂炉的散热器、电油汀等,不同的供暖方式在不同运行模式下的能耗、碳排放、室内环境舒适度均存在较大差异。因此亟须寻求适宜于夏热冬冷地区的能耗与舒适综合最优的供暖方式,这不仅能满足居民对美好健康生活的向往,同时是保证夏热冬冷地区供暖尽早碳达峰的重要手段。

综上所述,需要对夏热冬冷地区的供暖现状展开深入剖析,挖掘现有供暖方式存在的缺陷与问题,明确夏热冬冷地区住宅居民的实际供暖需求,从而确定优化目标与技术路径,探索适用于夏热冬冷地区供暖需求的末端设备,改善该地区住宅的室内环境健康舒适度并实现高效节能减碳,为 2060 年我国实现碳中和贡献力量。

1.1.2 研究目标

改善夏热冬冷地区住宅供暖情况,需从其供暖现状与特征入手,明确现有供暖方式存在问题与相关优化方向和指标,基于此提出新型的高效供暖空调方式。本研究将从以下三个目标入手。

科学认知夏热冬冷地区住宅供暖现状与特征:夏热冬冷地区供暖方式种类繁多,现状复杂,不同的供暖方式所使用的热源形式不同,在不同的使用模式下所营造的室内环境舒适度与所产生的能耗差异巨大。为了获取更具普适性与代表性的现状分析结果,需要从整体与局部细节层面分别对夏热冬冷地区的供暖现状展开深入剖析,从中挖掘夏热冬冷地区住宅中真实的供暖现状与问题,为进一步以需求为导向对其供暖方式进行优化与创新提供支撑。整体上,为了解夏热冬冷地区居民供暖的真实需求,应该以大规模调研为方法,并尝试回答以下两个问题:①夏热冬冷地区的居民现在如何供暖;②夏热冬冷地区的居民希望如何供暖;从而确定夏热冬冷地区大范围的供暖现状与需求。局部上,应以典型夏热冬冷地区居民供暖案例为对象,深入剖析供暖时的室内环境特征、能耗与居民舒适性和可接受度,从而确定夏热冬冷地区供暖现状的关键问题。因此,本书拟首先从大规模网络调研与实地测试出发,挖掘夏热冬冷地区住宅供暖现存的问题,为后续研究提供指导。

明确夏热冬冷地区住宅供暖末端优化方向与关键指标:供暖末端是夏

热冬冷地区住宅实现"部分时间、部分空间"高效间歇舒适供暖的关键,因此需要从理论与实践层面分别对现有夏热冬冷地区的供暖末端展开间歇性供暖特征的研究,才能明确现有末端用于夏热冬冷地区住宅供暖的缺陷与优化方向。实践中,需要建立一套科学的实验对比系统,通过合理设定实验变量,研究供暖末端在运行中存在的差异与不足;理论上,以末端的间歇性为切入点,将末端间歇供暖的全过程融入理论分析中,才能直观、有效地反映夏热冬冷地区供暖末端存在的问题与优化方向,目前已有的对供暖末端的层次分析法、㶲分析法、熵分析法都没有直接针对夏热冬冷地区的间歇性供暖模式展开分析。对此,本书拟开展基于实验与理论的夏热冬冷地区不同供暖末端对比研究,旨在明确其优化方向与关键指标,为提出适用于夏热冬冷地区的新型供暖空调末端提供支撑。

研发适用于夏热冬冷地区住宅的新型供暖末端:现有的夏热冬冷地区供暖末端,如房间空调器等对流末端虽然间歇性高,但舒适性差;辐射地板、散热器舒适性高,但间歇性差;燃气壁挂炉热源直接碳排放量高。故现有的供暖末端在实现夏热冬冷地区住宅中间歇性供暖方式的舒适与能耗综合最优存在一定的困难。因此本书进一步针对常规末端存在的问题,集成其优势,利用新型的传热方式与理念,提出适用于夏热冬冷地区住宅的新型末端,在保证不提升夏热冬冷地区供暖能耗与碳排放的基本要求下提升室内舒适性,满足夏热冬冷地区居民的供暖需求。

通过以上三点研究,本书将深入剖析夏热冬冷地区住宅供暖现状,挖掘供暖问题,并提出新型的适宜于夏热冬冷地区住宅供暖的可行方案。

1.2　文　献　综　述

首先,本书以整体宏观的视角,从夏热冬冷地区住宅的供暖现状入手,综述夏热冬冷地区住宅的具体供暖方式、不同供暖末端的运行模式、室内环境特征和能耗水平,结合当地居民的热舒适度,总结夏热冬冷地区供暖需求;然后,作为影响间歇供暖的关键环节,本书从微观上对夏热冬冷地区的具体常见供暖形式的末端进行聚焦,综述常见供暖末端在舒适性间歇供暖中存在的问题,并进行归纳总结;进一步地,分别对常见供暖末端的选择与评价优化理论、供暖末端优化技术展开综述,尝试总结现有的优化理论与实践方向,并从中挖掘适用于夏热冬冷地区的新型供暖末端的发展方向;最后,从现有供暖末端的缺陷和优化后供暖末端存在的不足为切入点,明确研发基于平板热管的新型供暖空调末端方向,并对其应用现状、发展趋势展开介绍,以有力支撑本书研发适用于夏热冬冷地区的新型供暖空调末端的技术路径,进而确定本书的研究思路。

1.2.1 夏热冬冷地区住宅供暖现状与需求

夏热冬冷地区主要包括"秦岭—淮河"线以南、四川盆地以东、南岭以北的绝大部分地区,可大致归纳为长江流域中下游地区,涉及 16 个省区市,经济发达,人口密集,政治地位重要[12]。夏热冬冷地区冬季湿冷,但是由于建国初期能源短缺,该地区没有采取集中供暖措施,过去冬季主要靠燃烧木炭、热水袋等取暖;随着居民的生活水平提高,该地区的居民纷纷开始采取供暖措施,现在常见的供暖方式为房间空调器、辐射地板、电热器等[13],不同的供暖方式在不同的使用模式下所营造的室内环境特征、能耗差异巨大[14],因此需进一步从上述各个要点展开综述。

(一)夏热冬冷地区住宅供暖末端使用情况

为了解夏热冬冷地区住宅供暖现状,国内大量学者对夏热冬冷地区各个典型城市开展了现状调研相关工作。重庆大学李百战团队[15]依托"十三五"国家重点研发课题《长江流域建筑供暖空调解决方案和相应系统》,于2017 年冬季获取了夏热冬冷地区各个典型城市中共计 8481 个样本供暖情况,发现约 63% 的家庭在卧室有供暖措施,43% 的家庭在客厅有供暖措施,其中使用房间空调器的占比约 60%。清华大学王者[16]先后于 2012 年与2016 年发放了约 5000 份网络问卷对夏热冬冷地区居民家庭的供暖方式展开了调查,结果发现夏热冬冷地区住宅供暖方式以房间空调器供暖为主(占比 56%),使用辐射地板、散热器的家庭占比约 12%,而仅使用"小太阳"、电油汀等局部电加热设备的家庭占比 15%,高达 17% 的家庭基本不采取供暖措施。Guo 等[17]类似地对几乎涵盖夏热冬冷地区各省范围的居民展开了问卷调查,在 2012 年的 718 个样本中,使用空调器供暖的比例高达86%,6% 的居民采取局部电加热设备,4% 的居民使用区域集中供热,而使用"燃气壁挂炉+辐射地板/散热器"与不使用供暖设备的居民各占约 2%;但是在其研究的 2014 年 907 个样本中,使用空调器的居民占比降至 57%,而使用"燃气壁挂炉+辐射地板/散热器"与区域集中供暖的居民分别升至16% 与 10%。除此之外,唐曦[18]于 2013 年对成都 455 户居民展开调查,其中约 90% 的住户使用房间空调器供暖,5% 的住户使用辐射地板、散热器供暖,2%的住户使用局部电加热设备供暖,而剩下3%的住户不采取供暖措施。另外,闫增峰[19]、张东凯[20]、史洁[21]等也对夏热冬冷地区的供暖方式开展了调研,结果显示于表1.1。

表 1.1　夏热冬冷地区住宅不同供暖方式占比对比

调研者	调研地点	调研年份	样本数	房间空调器/%	辐射地板/散热器/%	局部(电)供暖/%	不供暖/%
王者[16]	各个地区	2016	4589	56	12	15	17
Guo 等[17]	各个地区	2012	718	86	2	6	2
Guo 等[17]	各个地区	2014	907	57	16	14	4
唐曦[18]	成都	2013	455	90	5	2	3
闫增峰[19]	成都/武汉/南昌/合肥	2013	474	75	3	—	12
张东凯[20]	各个地区	2013	176	40	4	39	27
史洁[21]	上海	2006	66	91	3	2	—

说明:由于不同学者分类指标不一致,而本研究主要针对夏热冬冷地区供暖展开讨论,因此如 Guo[17]、闫增峰[19]等研究中的区域供热、集中空调、水源热泵等数据就没有纳入计算,另外闫增峰[19]研究中没有拆分出局部供暖措施。

综上来看,夏热冬冷地区居民的现有主要供暖方式是房间空调器,但仍有部分居民沿用了传统的不供暖和使用局部(电)加热的供暖方式,例如"小太阳"、电油汀、煤炉等。随着居民生活水平的进一步提升,越来越多的夏热冬冷地区居民呈现出选择基于户式燃气壁挂炉的辐射地板、散热器供暖的趋势。对比 Guo 等[17]于 2012 年与 2014 年的调研,使用辐射地板/散热器供暖的居民显著增加;而王者[16]调研中使用辐射地板、散热器的居民也显著高于其他同时间段的数据。

(二)夏热冬冷地区住宅不同供暖末端运行模式

进一步对房间空调器、辐射地板/散热器与局部电供暖的使用方式展开综述。常见的家用房间空调器与多联机室内机类似,均为对流型、直接蒸发式可自主调控的末端,因此首先以夏热冬冷地区家用多联机的运行方式为类比,作为这一部分的引子。基于 20 万台可在线监测的多联机运行大数据,成建宏[22]指出夏热冬冷地区住宅冬季多联机室内机供暖(11月至次年3月)运行时间占全年运行时间的 34.3%,比夏季间歇运行的供冷时间还短,且供暖使用情况主要集中在晚上 19:00 至次日 7:00;虽然其中 58%

的多联机系统为一拖五的机组,但是居民在使用时仅开启 1 台室内机的时间占比高达 60%。除此之外,徐振坤团队[23]在 2015 年 10 月至 2016 年 9 月对夏热冬冷地区 8.9 万台房间空调器的运行数据进行连续采集,结果发现居民在使用空调供暖时的室外温度分布范围覆盖−9~25 ℃,其中壁挂机与柜机在白天的平均使用率约为 3%,晚上 19:00—24:00 会出现使用率的峰值,但是仍然仅为 10%。西安建筑科技大学李亚亚[24]指出,夏热冬冷地区居民主要在睡觉与感觉冷这两种需求情况下间歇使用房间空调器供暖。综上来看,夏热冬冷地区的房间空调器使用方式为间歇运行,且使用率较低。

对于辐射地板与散热器供暖,夏热冬冷地区居民通常采用燃气壁挂炉制取热水的方式为上述末端提供热源,相比于房间空调器可以实时上传运行数据而言,获取其大规模的运行数据较难。崔杰[25]于 2015 年对长沙、扬州、武汉共计 180 个使用辐射地板/散热器的家庭开展了调研,结果发现 86%的用户每日平均供暖时间在 8 h 以上,其中 23%的用户供暖时间高于 20 h。笔者[26]也于 2016 年对成都地区 6 户使用"燃气壁挂炉＋辐射地板/散热器"的家庭展开调研,发现该 6 户家庭几乎整个供暖季均采用连续供暖,主要差别在于室内温度设定。李哲[27]对南京、苏州两处采用集中辐射供暖的小区展开调研,发现该小区的居民冬季采用的是类似于北方的集中连续供暖。董旭娟[28]对夏热冬冷地区采用辐射地板、散热器的家庭展开调研,结果显示由于辐射地板、散热器升温较慢,通常需连续运行。综合来看,夏热冬冷地区的居民使用辐射地板、散热器供暖的时间显著高于房间空调器供暖的时间,接近连续运行。

对于分散式局部电供暖,郭偲悦[29]、谭晶月[30]指出电油汀、"小太阳"等局部电供暖设备目前主要作为夏热冬冷地区住宅供暖的辅助设备,主要有以下三种模式:①只在部分寒冷时间使用局部电供暖设备;②在感到寒冷时优先选择使用局部电供暖设备,必要时使用房间空调器;③几乎不使用。

综上所述,夏热冬冷地区的居民在使用房间空调器这样的对流末端时,通常是间歇运行,且主要在晚上使用;对于辐射地板、散热器等辐射换热占比较大的末端而言,夏热冬冷地区居民使用时间更长,几乎连续运行;而对于分散式局部电供暖,其大多作为一种辅助供暖措施使用,且由于其电直热热量品位损耗大[31],不能作为一种主要的供暖手段,因此在后续综述中将不作讨论。

（三）夏热冬冷地区住宅不同供暖末端室内温度特征

夏热冬冷地区各种常见的供暖末端在不同的运行模式下室内环境温度分布特征不同。大量学者对不同夏热冬冷地区的住宅冬季室内环境展开了调研,其室内温度分布特征汇总于表 1.2。

表 1.2　夏热冬冷地区住宅中不同供暖末端室内温度分布特征

调研者	调研地点	调研年份	末端形式	运行方式	温度分布(范围,平均值)/℃
Lin 等[32]	上海	2015	房间空调器	间歇	4.8～25.7,14.1
陈金华[33]	重庆	2014/2015	房间空调器	间歇	8.2～15.1,12.1
郭偲悦[34]	上海	2012	房间空调器	间歇	8.0～18.0,15.4
万旭东[35]	长沙	2007	房间空调器	间歇	6.0～8.9,7.3
董旭娟[36]	武汉	2013	房间空调器	间歇	7.8～14.2,10.2
孟维庆[37]	汉中	2013	房间空调器	间歇	7.5～20.7,13.5
王牧洲[38]	武汉	2014	房间空调器	间歇	5.8～21.8,11.8
崔杰[25]	长沙	2015	散热器	连续	18.3～24.5,21.7
孙弘历[26]	成都	2016	散热器	连续	17.2～22.3,20.8
崔杰[25]	长沙	2015	辐射地板	连续	19.7～25.8,22.6
周翔[39]	上海	2013	辐射地板	连续	16.0～22.0,19.0
董旭娟[36]	南昌	2014	辐射地板	连续	13.5～20.7,15.2

房间空调器在间歇供暖条件下营造的室内环境温度分布广,低温低至 4.8 ℃,最高温度可达 25.7 ℃,整体室内平均温度低;房间空调器营造的室内环境温度分布与用户的使用方式相关,有的节约型住户使用空调频率极低,室内平均温度仅有 7.3 ℃,而有的家庭使用空调器频率高,室内平均温度可达 15.4 ℃。不同于房间空调器,辐射地板、散热器等在连续供暖运行时室内温度波动小,平均温度较房间空调器高。整体来看,夏热冬冷地区住宅中使用房间空调器的室内温度远低于北方集中供暖的室内平均温度,而使用连续运行的辐射地板、散热器的室内环境温度接近北方集中供暖的室内平均温度[40]。

（四）夏热冬冷地区住宅不同末端供暖能耗特征

部分学者通过建立夏热冬冷地区不同供暖末端的运行能耗对比分析模型,认为辐射地板在夏热冬冷地区具备最高的节能优势[41-42],这主要是由于辐射地板采用低温热源,系统效率更高。但是上述对比方法没有考虑夏热冬冷地区不同末端的实际运行模式差异,房间空调器分时分室的运行方式应该单独考虑,不能直接将系统按照冬季全时全室运行的能耗进行比较[43-44]。因此本书通过表 1.3 汇总了学者对不同供暖末端在实际运行模式下的能耗强度调研结果,并通过归一化的单位(每平方米每年的电耗)进行对比[45]。

表 1.3　夏热冬冷地区住宅中不同供暖末端能耗差异

调研者	调研地点	样本量	供暖系统形式	供暖能耗/ $[kW \cdot h/(m^2 \cdot a)]$
徐振坤[23]	若干	89000	间歇(房间空调器)	0.6~2.7
周翔[39]	上海	224	间歇(房间空调器)	4.0
郭偲悦[34]	上海	8	间歇(房间空调器)	3.7
武茜[46]	杭州	283	间歇(房间空调器)	4.0
唐峰[47]	杭州	3	间歇(房间空调器)	2.4
李哲[27]	苏州、上海	14	间歇(房间空调器)	3.6
孙弘历[26]	成都	4	间歇(房间空调器)	2.7
周翔[39]	上海	10	连续(辐射地板)	43.5
李哲[27]	南京	某小区	连续(辐射地板)	19.9
李哲[27]	苏州	某小区	连续(辐射地板)	18.4
郭偲悦[48]	上海	1	连续(散热器)	36.9
王子介[49]	南京	1	连续(辐射地板)	12.1~28.9
孙弘历[26]	成都	6	连续(辐射地板/散热器)	20.8

通过学者对夏热冬冷地区不同供暖末端运行能耗的实地调研发现,间歇运行的房间空调器能耗远远低于连续运行的辐射地板/散热器。其中针对房间空调器而言,使用模式的差异同样会带来巨大的能耗差异[47],节约型的家庭使用空调器的供暖能耗仅仅是非节约型家庭能耗的 1/5,宋磊[50]也在其研究中模拟出不同用能强度的家庭使用房间空调器供暖能耗差异大,范围在 3.1~24.1 kW·h/(m²·a),但事实上夏热冬冷地区家庭使用空调器都是间歇运行的,几乎不会整个供暖季全开;对辐射地板和散热器而言,连续运行模式下不存在启停模式的差异,但是设定温度的不同会造成一定的能耗差异。综上所述,夏热冬冷地区供暖末端间歇运行的方式能带来很大程度上的建筑节能,直接体现在家庭供暖费用支出的降低,结合家庭的行为节能会取得更好的效果。

（五）夏热冬冷地区居民的真实供暖需求分析

对夏热冬冷地区居民冬季供暖需求的分析,可以从行为调节、生理适应与心理适应相关理论去建立分析框架[51],进一步结合夏热冬冷地区居民真实的热感觉与在不同环境下的满意度得到其真实供暖需求。

行为调节方面,夏热冬冷地区居民在冬季不采取供暖措施的长期历史背景下会通过增加衣物保暖,大量学者[52-54]也对这种行为调节模式展开了实地测试,发现夏热冬冷地区城镇居民冬季室内服装热阻在 1.0～2.0 clo,居民根据环境冷热调节着装量;对于该地区村镇居民,冬季室内服装热阻甚至高达 2.15 clo[55]。整体来看,夏热冬冷地区居民的冬季室内着装量显著高于北方集中供暖地区[56],这种行为调节模式保证了其在偏冷的室内环境下室内热舒适可接受。

生理适应方面,夏热冬冷地区冬季室内环境相比于北方冬季室内环境偏冷,居民长期处于偏冷环境,在生理层面上会使得体内棕色脂肪组织(brown adipose tissue)含量更高[57],进一步使得人体的抗寒能力与身体代谢率更高[58]。除此之外,余娟等[59]也对常年处于非中性热环境(如夏热冬冷地区偏冷环境)的人体生理指标展开测试,发现人体的热应激蛋白 HSP_{70} 水平更高,进一步通过研究发现夏热冬冷地区偏冷环境的居民冬季舒适温度显著低于北方居民[60],他们在生理层面上更适应于偏冷环境。

心理适应方面,罗茂辉[61]在其博士学位论文中将南北方居民分为四类:①一直生活在北方集中供暖环境;②一直生活在南方非集中供暖环境;③原来生活在北方集中供暖环境,现移居至南方非集中供暖环境;④原来生活在南方非集中供暖环境,现移居至北方集中供暖环境。结果发现长期生活在南方的居民心理上适应了非集中供暖环境,对其满意度和长期生活在北方的居民对集中供暖的满意度相近;但是有集中供暖经历的居民对南方非集中供暖环境满意度显著偏低,也体现了"由俭入奢易,由奢入俭难"的心理适应性特征;除此之外,由于夏热冬冷地区居民对自己采用的供暖方式有调节主动权[62],因此这也是其心理层面上适应非集中供暖偏冷环境的原因之一。

基于上述三个方面的调节与适应方式,夏热冬冷地区对其现有的供暖方式具备一定的适应能力。首先是可接受室内温度上,结合多位学者[53,55,63-65]的实测调研,体现了夏热冬冷地区居民冬季实际可接受室内温度范围广,尤其是低温环境(低至 8.4 ℃),当地居民也是可接受的;其次是居民对实际热环境的热感觉投票(thermal sensation vote,TSV)与预测平均评价(predicted mean vote,PMV)存在一定偏差[33,39],虽然理论上在这样偏冷的环境下居民会感到非常冷,但实际上居民是可接受的[66-67]。

(六) 小结

夏热冬冷地区住宅现有的常见供暖方式(末端)包括传统的房间空调器、分散式供暖末端(如电油汀、"小太阳"等)与近些年兴起的辐射地板、散热器等。由于夏热冬冷地区居民无论是心理上还是生理上大多都适应了夏热冬冷地区冬季偏冷的环境,其平均每天有供暖需求的时间只有 2 h 左右[16,32],因此应该采用"部分时间、部分空间"间歇供暖的方式。而现状是传统的房间空调器家庭保有量大,是现在夏热冬冷地区居民的主要供暖方式,且其使用方式符合夏热冬冷地区居民的真实供暖需求,即间歇性供暖;但是近年来新兴的辐射地板、散热器则通常被连续运行以维持室内持续温暖的环境。不同的供暖末端在不同运行模式下能耗差异巨大:符合夏热冬冷地区真实供暖需求的房间空调器使用方式能耗低,而接近北方集中供暖使用方式的辐射地板、散热器能耗高。综合考虑夏热冬冷地区住宅的节能与真实供暖需求,应该在该地区推广间歇性的供暖方式。

1.2.2　夏热冬冷地区不同供暖末端优势与问题剖析

夏热冬冷地区住宅应该采用间歇性供暖以符合节能方针与当地居民的真实供暖需求,而房间空调器这种间歇供暖的方式相比于辐射地板、散热器供暖方式更加契合夏热冬冷地区供暖真实需求。但是通过对当地居民期待使用的供暖方式调研得知[16],越来越多的居民表示会在未来使用辐射地板、散热器供暖。如果不对当地居民这种愿望加以修正,大量的居民将使用连续供暖的辐射对流末端,未来夏热冬冷地区供暖能耗会大幅增加。因此,深入剖析现有供暖末端(包括房间空调器、辐射地板、散热器)存在的问题,能为夏热冬冷地区适宜的末端指明优化方向,争取让居民用上既节能(间歇性强)又舒适的供暖方式。

房间空调器加热室内的方式主要为对流换热,而辐射地板、散热器加热室内的方式包括辐射换热与对流换热,因此本书将常见的末端分为两类:对流末端(房间空调器)与辐射对流末端(辐射地板、散热器)。进一步地,本节将从间歇性与舒适性两个维度对现有的夏热冬冷地区供暖末端优势与存在的问题展开综述。

（一）间歇性

由于夏热冬冷地区对供暖需求的时间主要集中在晚上,且每天平均需要供暖的真实时间约 $1\sim3$ h[16,23,32],因此实现在需求时开启供暖末端且迅速制热并达到居民供暖需求能大量降低不必要的供暖能耗浪费,其中末端的间歇性是关键。为了清楚地讨论末端间歇性,本书将不同末端供暖过程拆分为统一的两个部分:①在开启供暖措施后,供暖末端被加热的过程,即热惯性;②加热的末端向室内供暖的过程,即换热能力。

1. 末端热惯性

对流末端:夏热冬冷地区使用的对流末端主要是房间空调器,其工作原理为蒸气压缩循环制热:在开启压缩机之后,制冷剂被压缩为高温高压气态,随后被送入室内冷凝器散热并向室内供暖,在冷凝器中高温高压制冷剂蒸气冷却形成低温高压液体,离开冷凝器后进一步通过节流组件形成低温低压制冷剂,再通过室外蒸发器吸热蒸发,最后回到压缩机中。整个过程热响应快,制冷剂循环系统蓄热小。当房间空调器室内机中的制冷剂达到稳定的供暖温度,可以认为该末端被加热至设定温度。根据黄文字[68]对压缩机启动过程的实验研究,制冷剂能在 $2\sim4$ min 内被迅速加热,模拟结果[69]也显示制冷剂能在 2 min 左右达到稳定状态。房间空调器在实际供暖运行过程中,开启后能在 2 min 左右达到理想的制热量[70],整体来看该末端本身热惯性较小。

辐射对流末端:根据夏热冬冷地区供暖现状分析,现有的辐射对流末端(如辐射地板、散热器)依托循环水系统进行供暖,热源包括燃气壁挂炉、空气源热泵等。相比于房间空调器,辐射对流末端的热惯性更大,主要体现在更多的传热过程与蓄热体。以"燃气壁挂炉＋辐射地板"为例,在开启供暖后,供暖系统水循环开启,燃气壁挂炉运行,进一步加热循环水系统中的循环水,然后热量从加热后的循环水中传递至地板表面,最后实现辐射供暖。辐射对流末端整个供暖过程增加的蓄热体包括循环水与地板表面;而散热器系统的蓄热体主要是循环水。张伟[71]对辐射地板与散热器的蓄热量展开了测试,散热器供暖系统的蓄热量约为 8.07 MJ,而辐射地板供暖系统的蓄热量高达 31.36 MJ,这些热量都没有有效地进入房间实现供暖。

由于辐射对流末端的蓄热作用,末端表面温度升温较慢,邹同华[72]对一低温辐射地板供暖系统展开研究,在供水温度为 45 ℃时,地板表面在 5 h 后才能达到接近平衡的温度。李梦竹[73]在其硕士学位论文中得到了相近的结论,其对一个由保温层、辐射地板盘管、混凝土填充层、找平层与地板装饰层的辐射地板供暖系统的启动过程展开研究,发现辐射地板表面温度从 4 ℃升温至 25 ℃需要时间约为 4 h。唐海达[74]对位于长江流域的典型辐射地板供暖系统开展实测,研究发现地板表面温升时间约为 6 h,在开始供暖初期系统总供热量远大于地板表面热量,大量的热量用于加热循环水与地板。Thomas[75]通过模拟计算发现混凝土辐射地板升温时间大于 3 h。为了降低其升温时间、提升间歇性,增加辐射暖管的管间距是可行的办法,但是效果不明显[76]。相比于辐射地板,散热器由于少了地板内传热过程,升温速度相对较快,但是仍然需要 2~3 h[77]。

2. 末端换热能力

对流末端:当房间空调器室内机中的制冷剂(换热盘管)被加热至一定温度时,轴流风机将室内低温空气吸入室内机与热盘管换热,被加热的空气被送入室内向房间供暖。通过对市场常见的家用房间空调器展开调研,发现适用于 10~20 m^2 房间的壁挂式房间空调器额定制热量在 2600~4800 W[78-79],而适用于客厅等大于 30 m^2 房间的柜式房间空调器额定制热量更大,在 5720~7800 W[80-81]。Yang[70]也对一典型房间空调器展开测试,其供暖功率主要在 2000~4000 W,随着房间温度升高,供暖功率有所降低。

辐射对流末端:对于辐射对流末端而言,随着循环水系统将末端表面(如辐射地板表面、散热器表面)加热并使其温度高于室内物体表面与空气温度,其一部分热量通过长波辐射换热传递至围护结构内表面、室内物体与人;另一部分热量通过对流换热散向室内空气[82]。辐射对流末端的换热能力主要受辐射换热系数、对流换热系数和辐射表面温度与室内环境(空气温度、内表面温度)温差影响。

Zhang[83]对一轻质辐射板展开了定量研究,在辐射表面 32 ℃,室内环境温度 20 ℃左右时,辐射板的总换热量约为 95 W/m^2,总换热系数(长波辐射换热系数与对流换热系数之和)约为 8.1 W/(m^2·K),其中辐射换热量占比 60%。李清清[84]等对辐射毛细管进行了实验研究,在辐射表面 30 ℃,室内环境 24 ℃条件下,总供热量约为 50 W/m^2,总换热系数约为 8.3 W/(m^2·K)。王文[85]与唐海达[74]对常规辐射地板进行测试,得到了辐射地板的总供热量在 60 W/m^2 左右。除此之外,丁有虎[86]在其硕士学位论文中指出,随着室温的降低、辐射地板供水温度的提高和供水流量的增加,辐射地板最大的供热量可达 283 W/m^2,但是其本质是增大了换热温差。根据文献[83-85]的计算,辐射板的总换热系数约为 8.3～10.1 W/(m² · K),Shinoda[87]在其综述文章中指出辐射地板的总换热系数约为 8.0～12.0 W/(m² · K),结果具有一致性。辐射地板技术规程[88]指出人长期停留的区域辐射地板表面最高上限温度为 28 ℃,若对于夏热冬冷地区面积为 15 m²、室内温度为 10 ℃的房间,辐射地板总换热系数取 9 W/(m² · K),则总供热量为 162 W/m²;若房间温度升高至 20 ℃,则总供热量降至 72 W/m²。

对于散热器,同济大学张旭[89]对常见的几种不同类型散热器开展了供热能力的对比研究,当供水温度在 50～70 ℃时,不同种类的散热器总供热量为 630～1450 W。

3. 讨论

夏热冬冷地区住宅的供暖需求为间歇供暖,因此对供暖末端的要求是末端本身应热得快(热惯性小),且能够迅速把房间加热以达到居民的供暖需求(换热能力强)。对比现有的房间空调器、辐射地板和散热器,无论是热惯性还是换热能力,房间空调器均有较大的优势:一方面房间空调器使用的蒸气压缩循环系统蓄热量小、热惯性小;另一方面房间空调器的换热能力强,可根据不同的需求进行选型。而辐射对流末端的劣势明显:在启动阶段不仅耗费了大量热量加热循环水系统,进入室内加热环境的热量较少,而且末端本身热得慢;受辐射换热本质的影响,其单位面积换热能力有限。

在实际运行中,Sun[90]对房间空调器、辐射地板的启动状态进行了对比,发现房间空调器加热房间仅需 20 min,而辐射地板室内环境升温时间高达 20 h;张雪梅[91]对比了辐射地板与风机供暖的室内环境,结果显示风机加热室内空气仅需 15～20 min,而辐射地板加热室内需要 7～8 h,不同辐射地板蓄热量水平和初始温度影响着辐射对流末端供暖的间歇性。若将辐射对流末端间歇运行,较大的蓄热量使其间歇运行能耗与连续运行能耗存在非线性关系,王子介[49]通过实测得到辐射地板每天运行 9 h 耗电约 30 kW · h,而 24 h 运行耗电 72 kW · h,间歇运行中一部分热量浪费在了蓄热中。

(二) 舒适性

房间空调器热惯性小,供热功率大,其足以满足居民的间歇供暖需求,这也是大部分居民的供暖现状;但是越来越多的居民倾向于使用辐射对流末端供暖,即使辐射对流末端的运行能耗与费用远高于房间空调器,其主要原因是不同供暖末端的舒适性不一致。除了皮肤温度与核心温度,影响人

体热舒适的环境因素还包括：空气湿度、垂直温差、吹风感、辐射不均匀性
和其他因素[92]。空气湿度引起的热不舒适主要针对夏天皮肤黏着感,辐射
不均匀性在辐射地板等设计规程中就已明确,而其他因素主要指年龄、性
别、热适应等,本书着重讨论夏热冬冷地区居民的热舒适性,因此下面对不
同末端所营造环境的垂直温差、吹风感展开综述。

1. 垂直温差

大量学者通过实测、实验和模拟的方法对不同供暖末端所营造的室内
环境特征展开了研究,表 1.4 总结对比了不同供暖末端室内垂直温差。由
于房间空调器通过加热室内空气向房间供暖,且热空气存在显著的上升趋
势[100],因此房间空调器等对流末端所营造的环境存在明显的"头热脚冷"
现象,最大垂直温差可达 8.1 ℃/m;而辐射对流末端一部分通过辐射换
热、另一部分通过自然对流加热室内,尤其是辐射地板热源在底部,与热空
气上升的趋势相反,因此整体室内垂直温差较小;散热器营造的室内环境
垂直温差相对较大,主要是受热源位置影响。

表 1.4　不同供暖末端营造的室内环境垂直温差对比

调研者	研究方法	对流末端垂直温差/(℃/m)	辐射对流末端	辐射对流末端垂直温差/(℃/m)
赵康[93]	实测	8.1	辐射地板	0.8
徐淑娟[94]	实验	—	辐射地板	0.6
高智杰[95]	实测	2.4	辐射地板	0.9
朱翔[96]	模拟	—	辐射毛细管	0.9
Sun[90]	实测	6.3	辐射地板	0.4
王汉青[97]	模拟	—	辐射地板	0.7
陈守海[98]	模拟	8.0	—	—
程海峰[99]	实验	4.3	散热器	1.4

根据头足温差与不满意关系的实验结果[101],当垂直温差超过 6.0 ℃/m
时,受测人员的不满意度将超过 50%。夏热冬冷地区房间空调器供暖时所
产生的垂直温差是室内人员不舒适的重要原因之一,辐射对流末端由于其
换热模式的差异具备相应的优势。

2. 吹风感

贾庆贤[102]指出吹风感是影响房间空调器舒适感很重要的因素。笔
者[90]通过实测发现,在开启房间空调器初期,空调器的风口出风速度达到了

3.15 m/s,随着室内环境温度升高,空调器送风速度有所下降(降至 1.5 m/s),但此时人员所在处风速也达到了 0.3 m/s。王时雨[103]也在其硕士学位论文中对送风口风速进行测试,发现最大风速可达 6.4 m/s,若此时人员所处位置离风口较近或刚好在风速较高的区域,则会感受到很强的吹风感。ASHRAE 标准[104]中明确指出当风速高于 0.2 m/s 时会存在显著增加吹风不适感的风险。实际调研结果[16]也表明,夏热冬冷地区居民觉得房间空调器供暖不舒适的一部分原因就是吹风感过强。

相比于房间空调器,辐射地板则具有没有吹风感的优势[105],因为其换热的方式只包括辐射换热与自然对流换热。杨进[106]通过 CFD 模拟计算,发现在辐射地板、散热器供暖的房间内平均风速小于 0.1 m/s;而 Risberg[107]通过 CFD 模拟计算,对比了辐射地板和对流供暖末端的室内风场,发现对流供暖末端室内风速显著更高。辐射对流末端的室内环境稳定,几乎没有吹风感,而房间空调器在供暖时所产生的吹风感是引起热不舒适的原因之一。

3. 讨论

无论是垂直温差还是吹风感,辐射供暖末端所营造的室内环境比对流末端更加均匀、稳定。除此之外,根据人体热平衡公式,人体辐射散热量占比约 45%～50%,使用辐射供暖末端提升室内平均辐射温度能有效影响人体热舒适[108]。大量的学者也对辐射对流末端、对流末端的综合热舒适展开了对比:Karmann[109]对 60 栋使用辐射和对流末端的建筑展开全面的问卷调研,结果发现受访人员对辐射对流末端的满意度显著更高;而 Imanari[110]开展了辐射对流末端与对流末端的对比研究,结果发现辐射对流末端更稳定、均匀的室内环境能带来更高的舒适度。因此综合来看,辐射对流末端是实现舒适供暖的有效方式。

(三) 其他

从间歇性来看,房间空调器等对流末端具备优势,但是辐射地板、散热器等辐射对流末端的舒适性更高,两种不同类型的供暖末端在舒适性与间歇性上无法兼顾。除了间歇性、舒适性方面,对流与辐射对流末端在对冷热源能效的影响、应用场景等方面也有一定的差异。

以空气源热泵为例,热泵制取热水温度越高,制热机组的效率越低[111]。Hu[112]对空气源热泵+房间空调器、散热器、辐射地板的能效做了对比,发现辐射地板系统的能效最高,其次是房间空调器,最低的是散热器系统,主要是因为辐射地板对热源温度需求最低;杨子旭[113]也对辐射地板系统的能效开展了模拟研究,其结果显示降低循环水温、使用高性能空气源热泵能有效提升系统整体能效。因此使用低温热源的辐射地板在系统能效上相比于房间空调器有一定的优势。

由于辐射对流末端在供暖过程中与人体有辐射换热,在抵消了一部分对流换热量的基础上,即使辐射对流末端所营造的室内环境空气温度比对流末端所营造的室内环境低 $1\sim3$ ℃,其也能达到相近的舒适性水平[114],这也是 1.2.1 节中讲到的辐射对流末端供暖节能的原因。

辐射地板、散热器等辐射对流末端无法实现供冷、供暖兼顾;而房间空调器等对流末端冬夏兼顾,在初投资、占用空间上具备优势[115]。辐射供暖系统需配以输配系统,其输配能耗占系统总耗热量的 10% 以上[116],但是对流末端不存在以上问题;不过房间空调器的风机会有一定的噪声风险,而辐射对流末端供暖过程中没有风机,室内安静程度高[117]。

1.2.3　供暖末端优化设计理论基础

为了提升供暖空调末端性能,需要通过合理的优化分析为优化手段提供理论支撑。在优化设计理论方面,大量学者通过多种不同的理论方法对不同种类的供暖空调末端运行性能与优化设计开展了相关研究,其中主要包括常见的基于不同计算平台的数值模型与其他综合类分析模型,如层次分析法、㶲耗散分析法与㶲分析法,其中数值模型更注重于描述供暖空调末端的工作特征与整个工作过程的能量流动,而综合类的分析模型则侧重于系统整体分析与优化。本书将分别从对流末端优化理论模型、辐射对流末端优化理论模型和综合优化理论展开综述,尝试梳理现有的优化设计方法与评价内容。

（一）房间空调器

针对房间空调器等对流末端,大量的学者构建了相关的数学模型,并将其与不同的模拟平台结合对房间空调器进行优化设计。Shao[118]提出了一种基于 3 个变量与 9 个参数的房间空调器压缩机经验模型,该模型适用于现在常见的变频空调器,在模拟功率时误差在 3% 以内;Cheung[119]通过统计学算法对房间空调器的稳态性能数据进行简化,确定了房间空调器工作特性的多项回归模型;Li[120]进一步基于实验与模拟,建立了一个仅仅使用 2 个变量与 4 个参数就能确定空调器功率的经验模型,整体误差在 8% 之内；而 Guo[121] 研究中的经验模型使用了更加复杂的 3 个变量与 20 个参数。近年来也有学者[122] 尝试使用似然比检验法对房间空调器的简化能量模型开展经验拟合，得到了更加可靠的结果。

除了上述对房间空调器建立的相关经验模型外，也有大量学者进一步对空调器的模型应用开展了研究。Yoon[123] 将空调器的能耗模型应用到了 Energyplus 平台中并对住宅中的空调能耗进行计算，发现能耗与室内外温差呈明显的线性关系；Li[124] 则依托于 eQUEST 软件对房间空调器在不同需求、季节与使用方式下的能耗进行计算。另外 Alibaaei[125] 借助 Matlab 与 TRNSYS 平台，对空调器的运行进行模拟优化，其中将空调器的能效比（coefficient of performance）认为是与室外温度直接关联的变量。Chou[126] 则结合计算流体力学（computational fluid dynamics，CFD）模拟对整个空调器的运行性能、室内环境分布进行了相关探究。整体来看，这种将空调器简化的模型应用到系统分析中具备一定的可靠性。

除此之外，近年来也有学者尝试将空调器的模型与一些新兴的方向结合。Hu[127] 将遗传算法应用到了空调器的控制中，在结合了室外气象参数、人员行为模型和智能电网系统信息的基础上，以保证室内需求为目标，提出了优化的运行方案。Donghun[128] 打破了传统的房间空调器使用控制方法，将模型预测控制（model-based predictive control）应用到小型办公建筑的房间空调器使用中，并取得了一定的节能效果。

整体来看，从设备到系统，目前房间空调器的数值模型已较为完善，而针对其运行特性、节能潜力等的相关研究也十分丰富，但是上述模型无法综合评价房间空调器的能量需求品位与间歇供暖能力。

（二）辐射对流末端

相比于房间空调器而言，辐射地板等常见的辐射对流末端的不同在于内部传热可以归结为地板二维稳态/非稳态散热问题，其以能量平衡方程为基础，并结合有限元与有限体积法被学者[129] 应用到辐射对流末端的模拟与研究当中，但是存在计算量大，时间成本高的问题。因此蔺洁[130] 在传统辐射地板的换热模型上进行了改进，建立了简化后的辐射地板传热数值模型，计算精度与速度得到了提升；刘艳峰[131] 在传统模拟方法上还对辐射地板传热的平面肋片模型进行了修正，能够得到更加准确的结果。基于上述模拟理论，大量研究者将辐射对流末端与 CFD 模拟计算结合，Jing[132] 通过在 ANSYS 平台中构建辐射板模型，从而模拟其温度变化特征，相比于传统的数值计算来说,CFD 方法能够得到更加直观的表面温度分布; Zhang[133] 则借助 CFD 模拟对辐射地板在间歇运行工况下的工作特征进行了模拟研究;除此之外,CFD 模拟方法还有助于建立末端与室内环境的耦合模型,探究辐射地板末端和室内温度的协同变化过程[134]。

为了简化基于有限元或有限体积法的数值模型,学者提出了基于热阻 R 与热容 C 的辐射对流末端理论模型,以反映辐射对流末端的动态供暖特性[135]。针对辐射对流末端的 RC 模型应用较为灵活,根据不同的末端特征与需求,学者们开发了 2R2C 模型[136]、5R2C-NTU 耦合模型[137]、3R2C-2R1C 组合模型[138] 等多种形式模型。RC 模型的核心特征是既能反映辐射对流末端的传热过程(R),也能表达辐射对流末端的蓄热能力(C),因此 RC 模型能比较直观地模拟出辐射对流末端的供暖特征。除此之外,Zhang[139] 建立了基于辐射地板与室内环境耦合的 9R-6C 模型,以分析在满足室内热环境要求的前提下如何对辐射对流末端展开控制。

综合来看,基于有限元/有限体积法的数值模型的优势在于能精确计算出辐射对流末端在不同时刻下的供暖特征,而 RC 模型则能直观、方便地计算出辐射对流末端的表面温度与供热量。但是上述模型均无法从辐射对流末端需求热量的品位和其供暖特性去综合评价辐射对流末端的性能,从而无法全面体现辐射对流末端在某种工况下对能量的综合传递能力。

(三) 综合优化理论

上述对流、辐射供暖空调的模型给学者提供了研究末端的理论依据,为了进一步探究供暖空调末端的综合应用可行性与实际性能,需要结合综合的分析优选与优化理论,更清晰、全面地认识供暖空调末端,从而为其优化工作提供理论支撑。

层次分析法:层次分析理论是一种将影响问题的所有因素分解为目标层、准则层、方案层等若干层次,结合定性与定量的分析赋予各个影响因素权重,最后综合计算权重值对不同解决方案进行比较的理论。张小卫[140] 于 2009 年提出将层次分析法应用于供暖末端的优化选择中,该学者针对常见的辐射地板、辐射毛细管、风机盘管和重力循环空调,分别从热工性能(传热系数)、经济性(初投资与运行费)、管路阻力与热舒适性(PMV-PPD 模型)四个方面来分析,依据不同供暖末端的各项指标性能得到判断矩阵,结合权重分析得到最优选的末端;季广学[141] 在其硕士学位论文中对优选供暖末端的层次分析法细化地展开,包括建立了完善的末端全寿命周期经济性模型、结合 CFD 模拟的室内热舒适分析、结合调研的权重确定等。在此基础上,刘艳峰[142]结合了美观性、可靠性、空间占用与声环境等因素,通过对供暖工程案例的分析,认为该层次分析模型能为选择适宜的末端提供支撑。整体来看,层次分析法有助于全方位地认识、了解一个末端的优劣,但是主观性较强。

㶲分析法:为了评价系统对能量的"质"传递效率,学者提出了㶲的概念,以反映在能量转化过程中热量品位的损耗,而供暖末端在运行过程中的本质即热量从高温向低温传递的损耗过程,因此㶲分析方法已广泛用于供暖空调的综合分析中。周翔[143]在其硕士学位论文中建立了对供暖空调系统的㶲分析方法,将供暖空调全过程分为冷热源、输配系统、换热系统与末端共计四个单元,分别建立㶲分析模型,进一步对不同的供暖、空调系统展开计算,通过对比可得到相对节能性更高的系统。进一步地,大量学者[144-147]将㶲分析方法细化到了供暖末端的选择与比较中,通过建立供暖末端散热的㶲平衡,可计算供暖末端在供暖时输入㶲、输出㶲、收益㶲与㶲效率,根据㶲效率确定末端的热量利用效率,但是不同的学者得到的结论有所差异。除此之外,Li[148]将相对节㶲率的概念应用到了不同末端的对比中,通过计算辐射对流末端与对流末端的㶲效率与㶲经济效益,得到辐射对流末端㶲效率相比于对流末端更高。但是,㶲分析法本质上是描述热功转化过程汇总不可逆的损失,用于分析以热量传递过程为主的供暖末端来说有一定局限性,末端在供暖过程不涉及热功转化过程,主要涉及传热过程,往往更关心传热效率等其他因素[149]。

㶲分析法:为了分析与评价不涉及热功转化的纯传热过程,过增元院士团队[150]提出了可直接描述物体热量传递能力的㶲概念,其表征了热量在传递过程中的不可逆性所导致的量、质损失程度;其提出的㶲耗散极值原理与基于㶲耗散的热阻最小原理被广泛应用于对流、辐射等基本传热过程分析[151-152];为解决工程领域中的多维传热优化问题,㶲分析法也被应用到换热网络设计[153]、换热器热湿传递性能优化中[154]。近年来,江亿、刘晓华团队[155]将㶲分析法引入建筑热湿环境营造过程分析中,借此将㶲分析法具体应用到室内环境营造评价中。供暖末端方面,Zhang[156-157]建立了辐射地板供暖末端与置换通风耦合的㶲分析模型,通过与传统喷射送风末端的㶲耗散比较,发现辐射对流末端具有较小的等效热阻,相比于常规系统更加节能。类比于㶲分析法,He[158]提出了"相对节㶲率"的概念,可以对比辐射地板与不同热源组合的能源利用效率。何玥儿[159]在其博士学位论文中通过梳理不同供暖末端的能量流动网络,建立了基于㶲分析法的量、质评价体系,对夏热冬冷地区住宅热环境的不同营造技术建立了能效评价模型。基于量、质的㶲分析法适用于评价末端在供暖过程中的热量利用率和对热源的量、质需求与损失,但是目前主要用于探究稳态运行工况,尚没有对供暖末端间歇供暖过程中㶲耗散进行对比分析的研究。

1.2.4 供暖末端优化技术路径

基于不同供暖空调末端的优化设计理论基础和现状问题剖析,学者与工程界在实际应用中尝试通过有效的技术手段提升供暖空调末端的性能,其优化技术路径部分适用于夏热冬冷地区供暖末端。因此为了进一步探索夏热冬冷地区供暖末端优化方向与可行技术路径,本节对现有供暖空调末端的具体优化实施路径展开综述。且根据夏热冬冷地区常见的供暖末端将本节综述内容分为对流末端优化与辐射对流末端优化,最后再对不同于传统对流、辐射对流末端的基于新型传热技术的供暖空调末端优化方法进行综述探讨,尝试全面对比供暖空调末端可行的优化方向与路径,为最终对夏热冬冷地区供暖末端的创新提供技术指导与支撑。

(一) 对流末端优化

房间空调器等对流末端的优化是近年来学术、工程界关注的重点,相关科研成果也取得了显著的成效,例如青岛海尔空调器有限总公司完成的科技成果"房间空调器舒适性技术及暖体仿生人舒适性评价方法"[160]与广东美的制冷设备有限公司完成的科技成果"多风感舒适型房间空调器关键技术研究及应用"[161],均代表着房间空调器在对流换热优化方面的进步,相关成果着重于对流末端的送风形式、舒适性等,针对性地尝试解决房间空调器在吹风感、室内温度分布不均等方面的问题。

具体地,在送风形式改进方面,学术与工程界有一些具体的可行方案。贺杰[162]针对房间空调器供暖时热风"下不来"的问题,提出了壁挂式空调器下送热风的方式,通过特殊排布的导叶片将出风口的热风强行下压;发明专利"空调送风方法"[163]提出了一种房间空调器的内置送风装置,可以根据用户需求调节送风方向,实现快速制冷制热;在定点送风的基础上,气流的均匀性也同样重要,因此发明专利"空调送风装置及空调"[164]在保证送风方向基础上设置了气流分配组件,从而提高空调器的送风均匀度与空调器的综合性能。除此之外,伴随房间空调器的快速制冷制热特性而来的是大风量的送风与噪声,而专利"空调送风装置及立式空调"[165]通过在空调送风装置的导风体上设置引流部,引导气流稳定、顺利地进入热交换风道中,在提升气流流速的基础上降低了送风噪声。

由于送风的方向被综合优化,随之而来的是给室内人员造成的吹风感,尤其是在空调启动时大风量送风阶段。因此 Luo[166]提出将动态变化的送风形式与对流末端的供暖空调结合能有效提升室内人员热舒适,而发明专利"提高送风气流脉动性能的装置"[167]也进一步细化了上述观点,尝试将脉动送风与空调器结合,从而提升送风舒适度。除了过大的风速会给人造成不适,过大送风温差的风与人体接触同样会造成不舒适,而降低送风温差势必会降低空调器快速制热制冷的能力,因此工程人员尝试将混风应用到空调器的舒适性提高上,例如发明专利"空调送风方法"[168]提出了将贯风通道应用于空调送风口,其具备将室内空气吸入送风通道中与高/低温送风混合的功能,从而实现在保证供热制冷量的同时降低送风温差。

对房间空调器的优化主要包括送风方向、送风形式与送风温度的优化,但不可避免的是无法改变其通过对流方式实现供热供冷的根本形式,难以具备辐射换热的高热舒适、零噪声和对低品位热源的利用等优势。

(二) 辐射对流末端优化

根据 1.2.2 节的综述,传统的辐射供暖末端如辐射地板、散热器等,可使室内温度分布更加均匀,且无噪声、无吹风感,与人体直接的辐射换热具备更高的舒适度,但是核心问题是间歇性差、热得慢,因此在夏热冬冷地区住宅间歇供暖节能的大背景下不值得推广。但是为了提升辐射对流末端的间歇性,国内外学者开展了大量辐射对流末端的优化工作,大概可归纳为两类:结构优化与对流优化。

1. 结构优化

研究者通过对现有的辐射对流末端形式进行改进,尝试提升辐射对流末端的综合性能。赵玉倩[169]提出"部分辐射"的概念,在一面墙体部分铺设热水盘管,可降低辐射对流末端的整体热惯性,但是不可避免地进一步降低了辐射对流末端的换热性能,降低了其间歇性;谭畅[170]提出在有一定基础室温的条件下对人员所在区域布置电辐射地板作为辅助热源,有一定的节能优势,但是其本质与现有的"小太阳"、电油汀等局部供暖末端没有区别,直接使用的是高品位的电能。Dong-Woo[171]对常规的辐射地板进行改进,将辐射地板底部架空后构建了一处空气层,变相降低了地板邻室传热量,提升辐射地板供暖效率;Lee[172]将一种新型的相变材料使用到辐射地板中,提升辐射地板连续供暖的运行性能,但是这对夏热冬冷地区间歇供暖是没有参考价值的。除此之外,有大量学者改变了常规辐射对流末端的形式,通过增加辐射换热面提升辐射供暖空调的能力,例如 Guoquan[173]将辐射对流末端表面设计为锯齿状,从而提升辐射换热量;Romani[174]将辐射对流末端的管路直接布置于墙上裸露于空气中,降低了辐射对流末端的蓄热量;Shu[175]与王宏彬[176]提出了一种列管式阵列辐射对流末端,通过将辐射板直接阵列于室内,不仅降低了末端的蓄热量,而且提升了系统的供暖能力。上述改良后的辐射对流末端形式虽然在间歇性、供暖能力上有所提升,但是并没有从本质上改变其辐射换热量小的缺点,而且存在不美观、可实施性低的问题。Tao[177]巧妙地将辐射地板与西北常见的炕结合在一起,有效利用炕里的余热,降低了辐射地板能耗,具有因地制宜的特色。散热器方面,Gheibi[178]提出了一种新型的散热器,其具有内外结构,内部为常见散热器形式,外部一个带翅片的罩子能提升其换热能力,基本理念就是强化换热。

2. 对流优化

前面所综述的结构优化,能在一定程度上强化辐射对流末端的换热性能,但是没有从本质上改变辐射换热,近年来也有部分学者将强迫对流与辐射对流末端结合,从而提升辐射对流末端的换热能力。Francisco[179]提出了一种架空的辐射地板形式,底部配以通风系统,冷风进入辐射地板底部经辐射地板加热后送入室内,极大地提升了辐射地板的供暖能力;类似地,Dengjia[180]也提出了架空辐射地板供暖装置,区别在于底部是强化自然对流换热,减少了传统地板供暖装置热惯性大的特点,为间歇性供暖提供了一定的思路;Chae[181]提出了一种同时利用流动工质和空气的混合辐射对流末端装置,该装置采用同心管结构,空气在内管中流动,水在外管中流动,实现了辐射对流末端和强迫对流换热的结合。除了将强化对流换热与辐射地板结合,Zhang[182]为提高空气源热泵提出了一种新型的立式辐射对流供暖末端,制冷剂流入辐射盘管进行辐射供暖,同时配以吹风向室内对流供暖,该末端有两个优势:①制冷剂贴附于辐射板;②将辐射供暖末端和强迫对流换热结合。

综合来看,辐射对流末端的优化应该从以下几个方面分别开展:降低辐射对流末端的蓄热,提高其间歇性供暖能力;提升辐射对流末端的换热能力;综合考虑可实施性、美观等。

（三）基于新型传热模式的末端优化

上述常规的对流、辐射对流末端优化并没有改变传统供暖空调末端内本质的传热模式，近年来也有学者尝试将新型传热模式——热管技术应用到供暖空调末端中。热管主要由蒸发段、冷凝段与充注工质组成，蒸发段吸热使热管内部工质蒸发汽化，汽化的工质进入冷凝段放热后冷却液化并回流至蒸发段，如此循环，其工作特点是能迅速将热量从一点传递至另一点。作为高效的传热构件，对热管技术近年来的研究已逐渐从理论向应用转型，而其技术的完善与工业化制造也使得它的具体应用场景从航天转向地面、工业转向民用，并大规模应用到了电子元器件散热、大功率晶体管冷却、动力领域等[183]。

热管技术在暖通空调领域也得到了一定的应用：大量学者开展了将热管用于空调箱的研究[184-186]，通过将热管置于空调箱的新风管道和排风管道之间，利用热管高效的传热能力实现排风热回收。除此之外，热管另一项大范围的应用是太阳能集热强化[187-188]，通过将热管置于太阳集热器中强化内部传热过程实现更高效的太阳能集热，以提升基于太阳能应用的系统能效，例如太阳能热泵、太阳能热水系统等。另外有学者提出了将热管用于数据中心[189-190]，以极低的能耗实现数据中心的散热，或者将热管与数据中心空调系统结合以提升数据中心热回收效率；也有学者提出将热管用于间接蒸发冷却[191]，简化了间接蒸发冷却机组的结构。综合来看，热管由于具备高效的传热特征而逐步被暖通空调领域的学者应用，根据对近 20 年国际上将热管应用于暖通空调领域的研究数量调研，可以发现近 5 年其相关研究数量呈显著上升趋势，但是主要集中在强化传热方面。

由于热管具有强化传热的特征，有部分学者尝试将热管与建筑围护结构结合，强化建筑与自然环境的换热，形成被动式的热管末端。Robinson[192] 提出了将热管置于墙体内部的方案，该方案能强化围护结构传热，当围护结构受太阳辐射后升温，其热量会迅速经由热管传递至室内，该方案可以进一步改进为与室内的辐射地板、储热水箱等结合，但是该方案仅限于理论层面。类似地，Tan[193] 与 Zhang[194] 提出了结合热管的墙体结构，能够提升围护结构在冬季的得热，或者提升建筑室内在夏季通过围护结构的散热。该方案和第一种方案类似，均是将热管和围护结构结合形成了被动式的末端，但是这种方案得到的节能率有限。除此之外，Chotivisarut[195] 提出了将热管和辐射制冷结合，实现较为高效的建筑供冷。通过将辐射制冷薄膜铺设于建筑屋顶,其冷量由热管迅速带至室内,可以储存于冷水箱中,也可以和室内供冷末端结合,该项被动式技术经济实惠,但是应用场景有限。被动式的热管末端主要是通过将热管与建筑围护结构结合,形成高效的被动式集热或散热,但是存在系统复杂、节能潜力有限等缺陷。

目前也有少部分学者尝试将热管与室内主动式末端结合,Kerrigan[196]设计了一款主动式的热管散热器,该热管四周布置有翅片强化热管散热,热管中段设置有热源。当热源加热热管中段时,整个热管能够实现较为均匀的温度分布,而其热量通过热管四周的翅片散走。整体来看该项研究算是将热管作为末端的一项新尝试,验证了热管作为末端均温性高的特点。类似地,Hemadri[197]提出将热管置于一个平板状的散热器中,通过实验验证了内嵌热管的平板散热器具有更高的表面热均匀性。国内也有学者将热管与常见的辐射供暖末端结合,例如谢慧[198]与张于峰[199]提出将热管与辐射地板结合,通过将热管埋入地板中,用热水加热地板中的热管蒸发段,进一步将热量传入热管其余段,实现与常规辐射地板相同的功能,结果显示该系统存在升温快降温慢的特征,另外存在安装复杂与收益低的问题,与传统的辐射地板没有本质的区别,因此在过去 10 年没有太多的应用与研究。最近北京工业大学的 Xu[200]设计了一种将热管与空气源热泵相结合的新型散热器,将热管内嵌于热泵循环的冷凝器中,高温制冷剂在供暖工况中加热热管,最后热管加热表面的铜板实现供暖。研究通过实验实测发现热管散热器表面温度均匀,能有效地向周围环境辐射热量,间歇性较高,但是该辐射末端直接将制冷剂管路用于散热,制冷剂需求量大,存在一定的泄漏风险,且无法实现冬夏兼顾;除此之外,该供暖形式的美观与实用程度比不上传统的面辐射供暖,其本质上与传统散热器没有区别,且在换热能力上仍待提升。

1.2.5　平板热管应用综述

本书的核心是研发一种适用于夏热冬冷地区住宅的新型供暖末端,按照前文的综述结果,其应具备:高间歇性、低热惯性、高换热能力、辐射供暖等优点,且具有冬夏兼顾使用的潜力。通过 1.2.4 节的综述可知,热管作为一种高效传热构件,是可能解决现有辐射对流末端间歇性差、热惯性大、换热能力低等问题的,但是现有的技术手段与实施方案在辐射供暖、换热能力提升上有待加强,且很难实现冬夏兼顾,限制该性能的主要原因是热管形式。

　　常见的热管包括脉动热管与环路热管,这也是现在暖通空调领域应用最多的热管,但是还有第三种热管形式——平板热管,其由两块平行薄板壳与内部吸液芯组成,整个内部空间由多个隔断将整个平板分为若干个微通道,每个通道内壁具有微翅片,且其内部具有一定的真空度,并充入一定量的传热工质。当热量传递至底部蒸发段时,其内部低真空度环境下的工质受热汽化,进一步沿吸液芯将热量传至顶部冷凝段散热冷凝,并在毛细力的作用下沿吸液芯回流至蒸发段,进而往复循环。图 1.2 展示了平板热管构造及其工作原理。

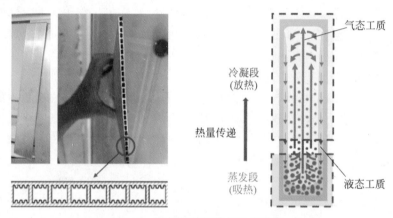

图 1.2　平板热管构造与工作原理

　　平板热管能有效解决散热问题并减小整个换热面的温度梯度,由于其高热导率能实现能量的有效传递。除此之外,其外表看来就如同一块铝板,若作为供暖末端,无论在传热能力上还是美观上,都是一个理想的辐射供暖装置。因此本节将对平板热管的应用现状展开综述,从而确立本书进一步对供暖末端优化的研究目标与内容。

　　由于平板热管具备的特殊结构优势与高效的换热能力,在 2000 年至 2010 年,国内外学者开始对其加工制作技术、内部毛细芯结构、热源对平板热管换热的影响和相关的数学模型展开大量的研究[201],但是仍然需要进一步提升其传热性能,建立更为完善的理论分析模型。

　　近年来,学者对其内部吸液芯的相关构造进行了研究与探索[202],并提出了效果更佳的纤维吸液芯结构[203]。而性能研究方面,近 10 年间国内学者对不同形式的平板热管的散热能力开展了大量的研究,例如赵耀华[204]

对最为常见的平板热管展开了换热能力的测试研究,并对最佳充液率进行了探索;高天琦[205]则对一种带翅片的平板热管展开了理论模型分析,通过建立热阻网络对平板热管传热优化提供方向;焦永刚[206]则对一种带翅片的、弯折成"U"形的平板热管展开了测试研究。除了大量的性能研究分析,理论模型方面,学者们也分别对毛细芯的等效导热系数[207]、内部换热的数值模型[208]等开展了大量的理论研究。另外,基础的平板热管制备方法研究[209]也有学者在开展。整体来看,平板热管的机理研究在近 10 年发展迅速,但是其应用领域仍待拓展[210]。

目前平板热管常见的应用领域是电子元器件[201]与 LED 散热系统[211-212],在暖通空调领域也有一定的应用,主要集中于不同领域的强化传热,包括:热回收、太阳能集热与相变蓄热。

热回收方面,Jouhara[213]提出了一种基于平板热管的废热回收装置,其底部蒸发段作为废热回收区域,通过平板热管将热量带至冷凝段并收集这部分热量;Diao[214]则研发了一种能应用于通风系统的平板热管,其底部蒸发段回收排风废热,顶部冷凝段预热新风。总体上看,平板热管与其他形式热管在热回收领域的应用没有太大区别。

太阳能集热方面,类似于其他形式热管,北京工业大学的赵耀华团队[215-216]将平板热管置于太阳能集热板内部,太阳能板收集的热量加热平板热管底部蒸发段,热量进一步被传递至顶部冷凝段,并通过散热系统将热量收集,该方案的优势在于能将太阳能集热板的集热部分与散热部分分离,更好地提升集热效率;Jouhara[217]则将平板热管、太阳能集热与建筑围护结构结合,这种主、被动结合的方法构建了一种新的建筑形式。若单纯将平板热管应用于太阳能集热,这同样与其他热管形式差别不大,而利用其平面结构可与建筑围护结构结合则是一种较新的应用方式。

相变蓄热方面,同样是北京工业大学的赵耀华团队首先于 2015 年提出将平板热管应用于相变蓄热[218],其基本结构是将平板热管分为三段:蒸发段用作热量收集;中间段用作相变蓄热;冷凝段用作散热冷凝。实验结果显示平板热管的均温性使得中间段相变材料的蓄放热性能稳定,温度分布均匀。该团队进一步对其数值模型[219]与性能优化[220]开展了相关研究探索。该蓄热结构巧妙地应用了平板热管的结构特征与均温性,合理地将蓄热材料与平板热管结合起来。

整体来看,由于平板热管这种新兴的热管结构还没有大量应用于暖通空调领域的研究,相关的热回收、太阳能集热强化与相变蓄热领域的研究也集中在近 5 年,尚没有将平板热管应用至室内供暖空调末端的研究。

1.2.6　文献综述总结

夏热冬冷地区人口密集、建筑体量大、经济发达,该地区住宅的供暖问题一直以来都是相关科研人员的研究重点,对该地区尽早实现碳排放达峰意义重大。由于夏热冬冷地区过去几十年均未采用集中供暖系统,对于当地居民而言,无论是从生理上还是心理上都适应了冬季偏冷的环境,因此应该采用"部分时间、部分空间"间歇供暖的方式,仅仅在需要供暖的时候实现快速制热,进而营造舒适的室内热环境。但是随着近些年来居民的生活水平提高,新型的基于燃气壁挂炉的全空间全时间辐射供暖末端(如辐射地板、散热器)已逐渐出现在当地居民的家中。传统的房间空调器与新兴的辐射对流末端运行模式不同,所营造的室内环境差异大,其中连续运行的辐射对流末端能耗高,碳排放量大。倘若放任夏热冬冷地区住宅中大量使用燃气壁挂炉与辐射对流末端组合的供暖系统,势必会大幅度增加该地区的供暖能耗与碳排放。然而文献综述中的现状调研多集中于 5 年前,因此亟须开展夏热冬冷地区住宅供暖的现状与真实需求调研。

夏热冬冷地区住宅使用的不同供暖末端在间歇性与舒适性上存在差异,大致可认为辐射对流末端环境均匀而房间空调器室内垂直温差较大,现有的相关研究测试中关键点对比较为松散,缺乏对"热源—供暖末端—室内"的全过程传热过程分析(包括末端的舒适性与间歇性),因此需要开展夏热冬冷地区住宅供暖末端供暖特征的系统性实测与实验对比,从更深层次的性能挖掘中明确现有供暖末端优化要点。

为了优化现有的供暖末端,在理论方面,学者通过建立传统的数值模型(如能量平衡模型、RC 模型等)对传统的供暖空调末端展开了模拟分析,并对其运行特性、节能潜力进行了相关研究,分析了其优化改进的关键要点。整体来看,从设备到系统,房间空调器、辐射地板等相关模型已经较为成熟且丰富,但是有以下两个要点尚没有考虑:①所利用能量的品位;②间歇供暖的全过程综合分析。因此为了进一步综合探讨现有供暖空调末端的应用潜力,学者提出了层次分析法、烟分析法与㶲分析法。层次分析法能结合舒适性、美观、能耗等综合因素评价末端的适用性,但是主观性较强,无法体现末端间歇运行的综合性能;烟分析法能反映系统对能量的"质"传递效率,也就是体现供暖末端在运行过程中热量从高温向低温传递的损耗过程,但是烟分析法本质上是描述热功转化过程汇总不可逆的损失,而实际供暖空调末端主要涉及传热过程,不关心热功转化;㶲分析法能有效地解决这一问题,但是目前常见的㶲分析法均是对供暖空调末端的稳态分析,没有涉及对间歇性的对比分析。

在实践方面,学者们从两个维度开展了优化:对传统供暖末端的优化与研发基于新型传热模式的新型末端。首先针对传统的房间空调器,学者与工程师们通过设计合理的气流组织,研发新型的送风构件,尝试降低送风带来的吹风不适感并提升室内均匀度,但是对流换热这种供暖模式所带来的垂直温差与吹风感只可以减小,不可以避免;而针对传统的辐射对流末端,学者们主要对其换热能力进行改进,通常的做法是将强化自然对流或强迫对流换热与辐射对流末端结合,提升其换热能力,但是并没有改变辐射对流末端热惯性大的问题。然而一些新兴的技术(如热管技术)在近些年逐渐被应用到建筑供暖末端领域,通过综述发现热管技术能显著解决现有供暖末端间歇性差、热惯性大的问题,但是现有的技术手段与实施方案在辐射供暖、换热能力提升与可行性方面还有待改进,且很难实现冬夏兼顾,热管形式是造成这一问题的主要原因。

最后,通过对一种新型平板热管进行综述,可以发现近年来平板热管的应用研究逐渐增多,目前主要应用在热回收、太阳能集热与相变蓄热三个暖通空调相关领域,尚没有将其用至室内供暖空调的研究。由于平板热管具备超薄的平板结构与高效的传热性能和良好的均温性,其若作为供暖末端,无论在传热能力上还是美观上,都是一个理想的选择,在此基础上结合结构、运行设计,可能会获得适用于夏热冬冷地区高间歇性、高舒适性需求的辐射供暖末端。

1.3　研究内容与框架

1.3.1　研究范围

夏热冬冷地区位于秦岭—淮河以南,主要集中在长江流域,经济繁荣,人口密集,但是其间歇性供暖现状一直有待优化,现有的供暖方式难以实现能耗与舒适综合最优。本书主要研究面向夏热冬冷地区的供暖末端优化,从现状分析到理论研究再到优化实践,开展了全过程的讨论与探索。现状分析方面,本书借鉴了已有现状分析方法并进行完善,分别从网络问卷与实地调研入手,全方位地对现有的供暖方式与居民的真实感受、愿景展开讨论分析,从而为之后开展适宜于夏热冬冷地区的供暖末端理论优化与实践提供背景支撑;同时结合实验研究对传统供暖末端的间歇运行性能进行对比,进一步地提出了基于㶲理论的动态分析方法,在考虑了末端"量"与"质"的基础上从实践与理论层面分析不同供暖末端的间歇供暖特性,为新型供暖末端的优化提供理论支撑;最后构建了新型的供暖末端形式并搭建了相关实验台,从供暖能力、热响应特性与温度分布均匀度等不同方面对其进行可行性评估。

1.3.2　研究内容

本书共由 7 个章节组成。

第 1 章为引言部分。阐述研究背景,总结夏热冬冷地区住宅的供暖现状与问题,并根据现有末端的优化理论与优化方法,提出适宜末端应具备的特征与优化方向,说明了本书研究范围、研究内容和研究框架。

第 2 章探讨夏热冬冷地区供暖现状。采用网络问卷与实地调研相结合的调研方法,对夏热冬冷地区住宅的供暖方式开展现状研究,包括居民使用末端的方式、室内热环境特征与供暖能耗,同时了解居民真实的供暖需求和对未来供暖方式的憧憬,初步得到适宜供暖末端的优化方向。

第 3 章探讨传统供暖末端间歇供暖特性。建立不同传统供暖末端的对比实验台,提出间歇供暖特性对比方法,从供暖能力、间歇特性与室内环境分布特征去综合对比不同供暖末端的优势与不足。

第 4 章探讨间歇供暖末端分析理论。首先,针对供暖末端间歇运行特征分析,提出将㶲理论应用于间歇供暖末端性能分析,从供暖末端能量流动与㶲耗散入手,提出基于"热源—末端—室内"全过程传热的动态㶲分析方法,通过分析不同供暖末端供暖过程中热量的"量"与"质"动态连续变化特征,对比不同供暖末端间歇供暖过程中的累积㶲耗散,明确其间歇供暖能力与优化方向。

第 5 章探讨基于平板热管的新型辐射末端可行性。提出基于平板热管的新型辐射末端与其构造形式,建立相关实验台并完成实验研究,从辐射特征、热响应速度与温度分布均匀性等多个维度展开探究。

第 6 章探讨优化后的结合辐射与对流的新型平板热管末端。提出强化换热后的基于辐射与强迫对流换热的平板热管末端,制造实验末端并建立实验平台,从供暖与供冷两个方向开展性能探究,并对其性能提升展开对比讨论,提出优化路径与方向。

第 7 章为结论部分。总结本书研究工作,说明研究的创新点,说明本书研究存在的不足和展望未来研究工作。

本书研究框架如图 1.3 所示。

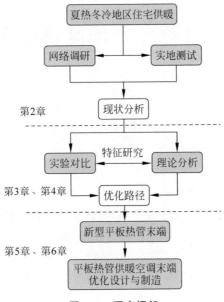

图 1.3 研究框架

第 2 章 夏热冬冷地区供暖现状研究

本章从宏观与微观两个角度同时入手,尝试从全方位说明夏热冬冷地区供暖现状问题与优化方向。宏观上通过大规模的网络问卷,对夏热冬冷地区居民的供暖现状与需求展开调研,包括具体使用的末端形式、供暖行为与居民对未来供暖优化的期望,该方法的优点在于样本量大,但是缺点在于细节不够,准确性较低;在此基础上,同时结合微观层面的研究对细节进行完善补充,通过现场实测的方式对夏热冬冷地区典型住宅中居民的供暖行为展开实地测试研究,将室内环境测试传感器布置于室内,对室内温度、相对湿度、平均辐射温度等影响热舒适的环境参数进行测试,结合居民供暖电耗(气耗)对实际供暖的舒适度与能耗进行综合评价。从全方位的角度去评价夏热冬冷地区居民的供暖真实现状与需求,将不同的供暖末端、供暖模式进行对比,得到现有供暖末端、模式的不足,从而确定夏热冬冷地区供暖末端的优化方向。

2.1 夏热冬冷地区供暖现状与需求问卷研究

2016 年至 2020 年,本研究利用网络问卷平台对夏热冬冷地区供暖现状与当地居民实际供暖需求开展了大规模的网络问卷调研,共回收有效问卷 5276 份,地域分布涵盖大部分夏热冬冷地区城市,男女分布平均,约 75% 的问卷填写者年龄在 40 岁以下,能有效反应夏热冬冷地区供暖现状。通过对问卷结果进一步深入分析,旨在了解夏热冬冷地区居民供暖行为现状、当地居民对未来供暖的期望和心中理想的供暖末端。

2.1.1 不同供暖末端使用现状

目前,夏热冬冷地区居民采用的供暖末端仍然以房间空调器(对流供暖末端)为主,其中 56% 的居民在冬季使用房间空调器进行供暖,15% 的居民选择使用如电油汀、"小太阳"等局部供暖末端,另有 16% 的居民几乎无供暖措施,仅仅使用如热水袋、电热毯等,上述三种供暖方式都是夏热冬冷地区传统的供暖方式,占比高达 87%,其余 13% 的住户使用了辐射地板、散热器辐射供暖末端,其中使用散热器的住户比例稍高。具体供暖措施使用比例情况见图 2.1。

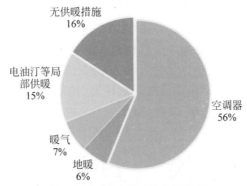

图 2.1　不同供暖措施使用比例

在不考虑局部供暖与无供暖的样本基础上,进一步对典型的三种供暖末端(房间空调器、辐射地板、散热器)的使用行为进行统计。图 2.2 为居民在调研中反馈每天的平均供暖时间,通过该四分位图可以发现,居民平均使用房间空调器的时间约为 7 h,而使用辐射地板与散热器的平均时间高达18 h。对于房间空调器而言,有的住户使用时间长,每天可达 16 h,但是占比非常小,75% 的住户使用时间都小于 7 h。使用辐射地板与散热器的平均时间近似,其下 1/4 位也一致,即 75% 的辐射地板、散热器用户使用时间超过 13 h,上 1/4 位也一致,均达到了 24 h;而对于辐射地板而言,其中位线也达到了 24 h,即 50% 的辐射地板用户均为连续 24 h 供暖,而 50% 的散热器用户供暖时间约为 20 h。总体来看,该结论与文献调研结论一致,即

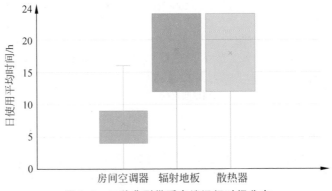

图 2.2　三种典型供暖末端运行时间分布

房间空调器的用户一般为间歇供暖,而辐射地板与散热器用户一般采用连续供暖,且辐射地板用户连续供暖的比例更高。

2.1.2   对供暖末端的满意度分析

不同的供暖末端在不同运行模式下的实际室内热环境特征是不同的,进一步对居民实际供暖措施下的热感觉进行分析。图 2.3 为五种不同供暖行为下居民所反馈的实际热感觉占比,由分布结果可以发现,实际上居民无论使用哪种供暖方式(甚至是没有采取任何供暖方式),所反馈的实际热感觉均集中在"稍凉"与"稍暖"之间,即使在不采取供暖措施时,居民也会觉得"稍暖",甚至"暖"。五种供暖方式实际的热感觉没有显著性差异。

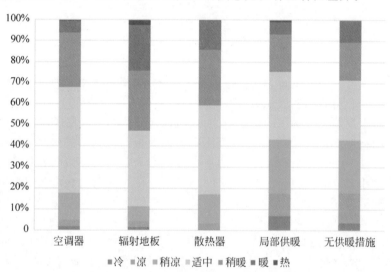

图 2.3   不同供暖方式热感觉

尽管不同供暖末端的热感觉差异不大,但是居民所反馈的舒适性则有一定的差异,结果如图 2.4 所示。感觉辐射地板、散热器"非常舒适"与"舒适"的比例最高,此外认为辐射地板总体舒适("非常舒适"+"舒适"+"刚好舒适")比例达到了 86%,而散热器也达到了 82%,很少有居民认为辐射地板与散热器的环境不舒适;相比之下,空调器的舒适性有所降低,其中仅 5% 的居民认为"非常舒适",而觉得"舒适"与"刚好舒适"的比例约为 61%,另有 20% 的居民觉得"稍不舒适"。对于局部供暖而言,其不舒适比例最高,达到了 42%。然而,没有采取任何供暖措施的居民不舒适率仅有 26%,甚至接近空调器的不舒适率,由此可见夏热冬冷地区居民在自己选择的供暖方式下具备一定的接受度(甚至包括没有任何供暖措施时)。

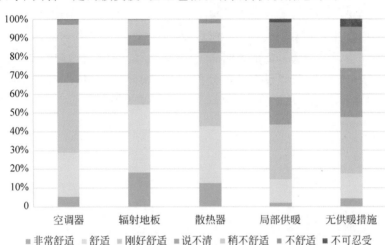

■非常舒适　■舒适　■刚好舒适　说不清　稍不舒适　■不舒适　■不可忍受

图 2.4　不同供暖方式舒适度

2.1.3　对供暖末端的使用期望

　　在对现有供暖末端使用情况与满意度调研的基础上,对居民的供暖期望展开进一步调研,调研问题为"不考虑经济费用情况下,您家中最推荐的供暖方式是"。通过结果分析可以发现,高达 57.1% 的居民希望采用辐射地板作为供暖方式,希望使用散热器的居民比例也达到了 24.3%,而对于目前使用量最大的空调器而言,希望使用的比例仅为 14.8%,同时仍然有一些节约型、习惯夏热冬冷地区现有供暖方式的居民选择使用局部供暖或者不采取任何供暖措施,占比较小。具体结果见图 2.5。

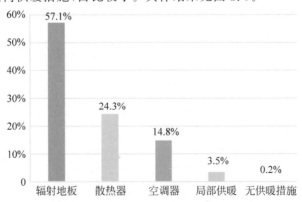

图 2.5　不考虑经济等因素下的期望供暖方式

进一步对期望使用辐射地板、散热器的居民展开深入调查,发现66.6%的居民因为曾经长时间或短时间(旅游、出差)体验过辐射地板供暖,因此期望自己未来家中也使用辐射地板;而亲朋好友推荐和网络评价对居民的选择也影响较大。需要说明的是,实际选项中还包括"到专卖店体验"等,由于占比较少,所以没有纳入分析;另外实际作答过程中,该题目为多选题,因此各选项占比之和大于100%。具体结果见图2.6。

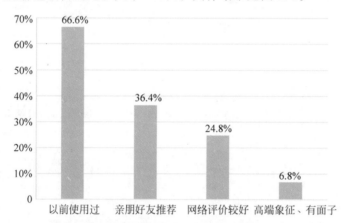

图2.6   希望使用"辐射地板"、"散热器"的原因

但是实际上居民在选择理想供暖末端时会面临经济上的压力和改造难度的影响,因此选择辐射地板的居民大幅度减少,而选择散热器、空调器与局部供暖的居民有一定的增加,实际调研结果也发现居民在选择末端时很大程度上会考虑"改造费用"、"运行成本"和"是否会破坏原有结构"。具体结果见图2.7。

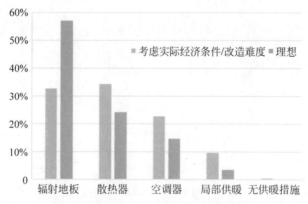

图2.7   考虑实际经济条件与改造难度的期望供暖方式差异

2.2　夏热冬冷地区住宅典型供暖末端供暖效果实测研究

本研究于 2016 年至 2019 年供暖季对夏热冬冷地区的几个典型城市（南京、昆山、扬州、长沙、成都）中共计 37 户使用典型供暖末端（辐射地板、散热器与房间空调器）的住宅开展了实地测试研究。

2.2.1　实地调研基本概况

本研究中被调研的 37 户家庭具备一定的典型性与代表性，其住宅形式包括常见的高层电梯公寓住宅、低层板楼住宅与独栋住宅，使用的供暖末端涵盖了前文所综述的夏热冬冷地区常见的供暖末端，包括辐射地板、散热器与房间空调器。表 2.1 总结了各个地区样本数量与其他详细信息。

表 2.1　实地调研测试样本详细信息

调研地点	住宅形式	样本量	供暖末端形式	其　他
南京	高层塔楼	10	空调器/辐射地板	不同小区
昆山	高层塔楼	10	空调器	同一小区
扬州	高层塔楼	2	辐射地板	同一小区
长沙	独栋别墅	1	辐射地板	—
成都	高层塔楼/低层板楼	14	空调器/辐射地板/散热器	不同小区

实际测试调研中，主要针对住宅中的客厅与卧室两个人员常驻空间展开测试研究，通过在该区域布置温湿度测试仪器了解实际供暖季室内热环境情况，需要说明的是测试仪器在布置时需要考虑以下事项：

（1）测试地点的环境具备一定的代表性，尽量使该点的温湿度测试值能直接反应人员所处空间的温湿度；

（2）仪器应布置在远离室内热源（如电视等）的位置，以避免测试结果受到干扰。

另外针对一些典型场景，本研究还通过布置垂直温度分布测点、使用风速仪等对室内环境分布的均匀度、室内风速等其他影响热舒适的参数进行测试。同时在部分调研中采用了客观测试与主观问卷调研结合的方法，要求住户在特定的时间点于测试仪器附近填写主观问卷，目的是为保证客观测试参数与主观感受能一一对应，主观问卷主要针对住户对当前热环境的满意度进行调研。图 2.8 分别展示了客厅、卧室与室内垂直温差测试现场。

(a)　　　　　　　　　　(b)　　　　　　　　　　(c)

图 2.8　实地测试现场

（a）客厅测点；（b）卧室测点；（c）垂直温差测点

　　实地调研使用测试仪器包括本课题组开发的 iBEM 环境检测仪,该仪器集成了温湿度、二氧化碳、PM2.5 与照度传感器,内置数据储存模块与WiFi 传输模块,能将测试结果本地储存与在线上传,另外还使用了传统的温湿度自记仪（WSZY-1）、温度自记仪（WZY-1）、黑球温度自记仪（HQZY-1）与风速表,分别用于测试室内环境温湿度、末端表面温度、黑球温度与风速,整个测试过程中温度、温湿度数据记录的时间间隔为 10 min。表 2.2 汇总了测试使用到的仪器与相关详细参数,所有仪器在测试前都经过精度校核,误差在允许范围内。

表 2.2　环境测试仪器详细信息

测试参数	仪器	精度	仪器照片
温度	WSZY-1	±0.5 ℃	
相对湿度	WSZY-1	±5%	
温度	iBEM	±0.5 ℃	
相对湿度	iBEM	±5%	

测试参数	仪　　器	精　　度	仪器照片
温度	WZY-1	±0.5 ℃	
黑球温度	HQZY-1	±0.5 ℃	
风速	FB-1	±0.1 m/s	

2.2.2　不同供暖末端室内热环境实测对比

不同供暖末端在不同使用模式下的室内热环境特征不同,其中影响室内环境的参数包括运行方式(开启时刻、运行时间)、设定温度等。通过对37户使用典型供暖末端住户的调研可以发现,使用辐射地板、散热器的家庭均采用连续供暖模式,而使用房间空调器的家庭采用间歇供暖模式。图 2.9 展示了典型日不同供暖末端客厅与卧室室内环境温度的变化,其中辐射地板与散热器的室内环境温度在一天内稳定在 19~23 ℃,波动小;而使用房间空调器的房间室内温度波动大,不开启房间空调器时室内温度低,开启房间空调器后室内温度迅速升高,对于客厅的房间空调器用户通常在傍晚至睡前使用(睡前关闭),而卧室的房间空调器通常在睡前开启一段时间;白天房间空调器基本不开启,其室内基础温度受室外气温、建筑保温、建筑气密性、开窗情况等影响,整体偏低。

为了进一步研究不同使用模式下不同供暖末端所营造的环境特征,将37户夏热冬冷地区家庭的室内环境测试结果按照:客厅/卧室,辐射地板/散热器/空调器进行分类整合,为了保证不同末端室内环境数据之间具备一定的可比性,适当排除室外环境温度对室内温度的影响,将测试数据中具备代表性的典型周(春节前后)温度数据绘制于四分位图中(见图 2.10),其展

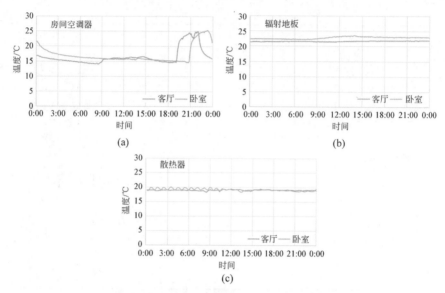

图 2.9　三种典型供暖末端的使用方式与室内温度分布

（a）房间空调器；（b）辐射地板；（c）散热器

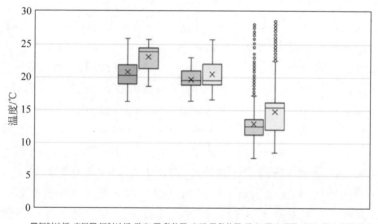

图 2.10　实际测试不同供暖末端在客厅、卧室的温度分布

示了不同供暖末端在不同功能房间的供暖效果。先对比卧室与客厅的差异，三种不同的供暖末端呈现出一致的规律，即卧室的平均温度显著高于客厅的平均温度，其主要原因包括：①用户的设定温度更高（如末端供水流量更大，房间空调器设定温度更高）；②住宅中卧室外窗面积小，渗风小，且居

民更倾向于优先关闭卧室的窗户;③对于房间空调器间歇运行的特点而言,居民在卧室使用房间空调器的频率更高也会使得其平均温度高于客厅平均温度。

不同供暖末端的室内温度分布方面,由于使用辐射地板与散热器的家庭绝大多数都采用连续供暖的方式,因此室内平均温度高达 19.7~21.9 ℃,而使用房间空调器家庭的室内常驻空间(客厅、卧室)的平均温度仅为12.9~14.7 ℃,温度显著低于辐射对流末端。温度分布方面,使用辐射地板、散热器家庭的室内最低温度约为 16.3 ℃,最高温度约为 25.9 ℃,造成这种温度差异的原因是供水温度不同,但是绝大部分时刻室内环境温度分布在 19~24.3 ℃,整体温度分布较为均匀且较为温暖。但是使用房间空调器家庭的温度分布跨度大,低温低至 7.7 ℃,而高温高至 28.6 ℃,相较于辐射对流末端,其间歇运行的特征使其温度较高的数据点不多,使得房间空调器室内环境测试结果中高温区间数据离散。整体来看,使用房间空调器家庭的室内环境是显著冷于辐射对流末端室内环境的。

根据《民用建筑供暖通风与空气调节设计规范》[221] 规定,对于冬季室内人员长期逗留区域的温湿度要求分为两级,见表 2.3。相比于Ⅰ级舒适等级,Ⅱ级舒适等级的温度范围更宽,且对相对湿度没有下限值要求。考虑到夏热冬冷地区居民的热适应水平较高(包括增减衣物的行为调节,更耐寒的生理调节和对供暖需求不高的心理适应),本研究采用Ⅱ级舒适等级对测试对象的室内热环境进行评价分析。

表 2.3　《民用建筑供暖通风与空气调节设计规范》冬季室内设计参数[221]

季　节	舒适等级	操作温度/℃	相对湿度/%	风速/(m/s)
冬季	Ⅰ级	22~24	30~60	≤0.2
	Ⅱ级	18~24	≤60	

通过选取不同供暖末端的典型测试对象,将测试得到的室内空气温度与黑球温度计算得到的操作温度与相对湿度绘制于显示冬季Ⅱ级舒适区区域的焓湿图中。图 2.11 展示了两种不同类型用户的辐射地板室内环境舒适区分布,辐射地板用户 1 属于富裕型家庭,其供暖设定温度在 24 ℃,绝大部分室内温度分布在 23~25 ℃,最高室内温度可达 27 ℃,主要原因是天气转暖后该用户仍然开启辐射地板;辐射地板用户 2 属于节约型家庭,其供暖温度设定在 18 ℃,大部分室内温度分布在 17~20 ℃,最高室内温度约为21 ℃。整体来看,由于辐射地板连续运行,整体室内环境温度接近冬季Ⅱ

级标准,但是设定温度的不同会带来室内环境温度的显著差异。相对湿度方面随着室内温度升高,相对湿度会有所降低,但是均高于 20%。

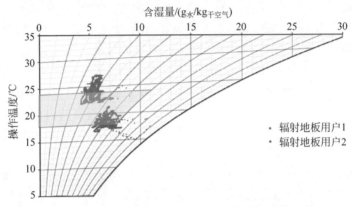

图 2.11　两种典型辐射地板用户室内热环境参数分布

图 2.12 展示了两种典型散热器室内环境分布。相较于辐射地板,散热器用户的室内环境温度分布更集中且相对湿度分布更分散,这主要是因为用户的调节更频繁,即室外温度低时用户会适当提高设定温度;而室外温度高时用户会适当降低设定温度,这样的控制方式使得散热器室内环境温度分布更加集中。相对湿度方面,以图 2.11 作动态说明,若辐射地板用户也用类似的调节措施,其低温数据点会向右下方移动,而高温数据点会向左上方移动。这也就是图 2.12 中相对湿度分布更广的原因。

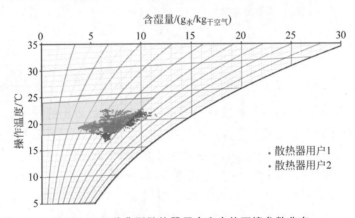

图 2.12　两种典型散热器用户室内热环境参数分布

图 2.13 展示了两种典型不同使用方式的空调器室内环境温度分布。

纵观空调器的室内环境特征,其室内环境温度普遍偏低,大多集中在 9~13 ℃,远低于冬季 II 级标准舒适区。空调用户 1 与用户 2 的差别与辐射地板类似,用户 2 属于节约型用户,整个供暖季开启空调约 4 次,最高室内温度接近 18 ℃;而用户 1 开启空调的次数较多,最高室内温度接近 24 ℃。

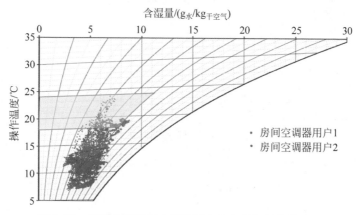

图 2.13　两种典型房间空调器用户室内热环境参数分布

2.2.3　不同末端供暖能耗

　　不同供暖末端在不同运行模式下的能耗具有一定的差异,对于辐射地板、散热器这样连续运行的供暖末端,其营造的室内环境稳定在舒适温度,势必会产生较高的能耗。通过对被调研住户使用的"燃气壁挂炉＋辐射地板/散热器"在供暖季期间供/散热器能耗、"空气源热泵＋辐射地板"在供暖季期间的电耗和房间空调器在供暖季期间的电耗进行统计,将燃气与电耗统一折算为标准煤耗,绘制成四分位图展示于图 2.14。

　　连续运行的辐射地板、散热器的供暖平均能耗在 9.1~11.2 kgce/(m² · a),远高于房间空调器的平均能耗 1.5 kgce/(m² · a)。对于辐射地板与散热器等连续运行的辐射对流末端而言,不同的建筑性能、运行模式、设定温度导致能耗差异巨大,其单位面积年供暖能耗在 4.2~17.6 kgce/(m² · a)。通过对比上述能耗数据可以发现,年代较长的老建筑中的辐射对流末端供暖能耗均位于供暖能耗均值上方,主要由于其建筑保温、气密性较差,使得建筑供暖负荷高,对于辐射对流末端这种连续运行的供暖方式而言影响更大;除此之外,末端的设定温度也显著影响供暖能耗,调研显示居民在使用辐射对流末端时普遍设定的供暖温度为 20~22 ℃,而有的居民设定

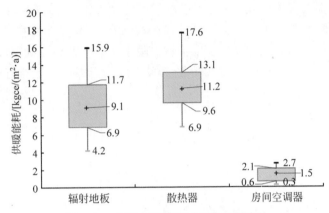

图 2.14　三种典型供暖末端年供暖能耗

温度为 26 ℃,这造成了能耗的显著增大;相反有的节约型居民设定温度低至 16 ℃,在这样低温供暖的工况下能耗较低,但是仍然高于房间空调器能耗。

　　对于房间空调器而言,其供暖能耗非常低,主要由于其运行、使用方式符合夏热冬冷地区间歇性供暖模式。对于有的节约型居民而言,其几乎不使用空调器,在整个供暖季开启空调器的时间仅限于春节期间,整个供暖季能耗低至 0.3 kgce/(m² · a);而有的富裕型居民则在每天特定时间开启房间空调器,例如 19:00—22:00 开启客厅空调,22:00—24:00 开启卧室空调,在这样的运行模式下其年单位面积供暖能耗达到 2.7 kgce/(m² · a),但仍然远低于辐射供暖末端。

　　1.2.1 节对夏热冬冷地区不同供暖末端的能耗综述中,间歇运行的房间空调器供暖能耗在 0.6~4.0 kW · h/(m² · a),折合标准煤为 0.2~1.2 kgce/(m² · a),辐射地板、散热器的能耗在 3.8~13.9 kgce/(m² · a),与本研究的调研结果相比略低,由此可见居民对供暖的需求越来越高,体现为使用空调器的频率增加和辐射供暖末端的设定温度与运行时间增加。

2.2.4　不同末端间歇性供暖特性实测

　　除了上述对不同供暖末端的室内环境特征与能耗的综合描述,本研究还对不同供暖末端的间歇供暖特征展开了详细测试对比研究。首先对于一典型辐射地板末端环境展开间歇性供暖特性测试,在开启辐射地板供暖后对其地板表面温度与室内温度分布进行测试研究,辐射地板表面温度在开启后 12 h 左右达到第一次稳定,而室内环境温度相对延后 2～3 h 达到稳定;随着进一步提高设定温度,地板表面与室内环境温度缓慢上升。当停止供暖后,地板表面温度与室内空气温度降至稳定的时间超过 24 h,这主要是由于地板与循环水系统的蓄热造成的。具体各项数据见图 2.15。

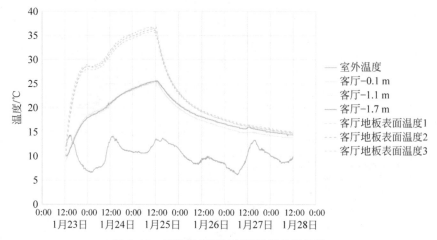

图 2.15　间歇运行下的辐射地板供暖特性

对于散热器而言,其间歇性优于辐射地板。在燃气壁挂炉开始工作后,天然气燃烧的热量能在 12 min 左右将循环水系统的水温加热至设定温度,其出水温度高至 67 ℃,此时散热器表面的平均温度也随之升至 59 ℃左右。但是由于散热器的散热功率有限,受其辐射换热系数与自然对流换热系数的影响,即使散热器的温度能快速升高,但是室内温度仍变化缓慢。当燃气壁挂炉停止工作后,循环水系统的温度(包括散热器表面平均温度)的冷却时间约 42 min。具体各项数据见图 2.16。

相较于散热器与辐射地板,房间空调器的间歇性更好,随着房间空调器开启,其能在 2 min 内开始吹出热风供暖(由于其强迫对流换热的供热模式具有供热功率大的优势)。图 2.17 展示了不同供暖末端在开启供暖后室内环境温度的变化,在测试期间均布置了垂直温差测点,分别位于人员停留处的 0.1 m、1.1 m 与 1.7 m。其中房间空调器加热房间的时间最短,仅需要 22 min 左右,但是其垂直温差最大,即使 1.1 m 处的空气温度达到了 24 ℃,脚部(0.1 m)的空气温度仍然为 15 ℃左右,存在热空气"下不来"的问题。相较于房间空调器,散热器的间歇性更差,其升温时间超过 2 h,但是垂直温差相对较小,大约为 0.7 ℃/m。辐射地板的间歇性最差,其加热

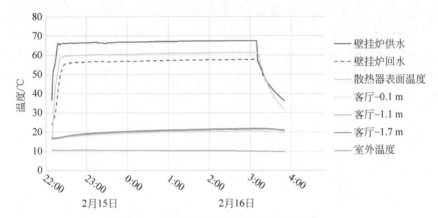

图 2.16　间歇运行下的散热器供暖特性

室内空气温度的时间超过 15 h,但是整体室内的环境温度更加均匀,垂直温差在 0.2 ℃/m 左右。

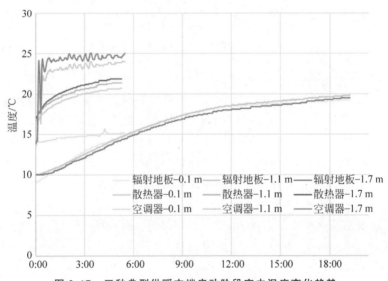

图 2.17　三种典型供暖末端启动阶段室内温度变化趋势

通过对居民使用的不同供暖末端测试发现,辐射对流末端的间歇性更差,但是室内空气的垂直温差远小于房间空调器供热的情况。除了垂直温差,辐射地板/散热器室内的吹风感也明显小于房间空调器,如图 2.18 所示。通过测试发现,大多数使用辐射对流末端的室内风速在 0.04~0.15 m/s (没有开启门窗,自然通风几乎没有影响)。而房间空调器的室内风速显著较高,当空调器加热房间时(即升温过程)采用最大模式送风,室内人员停留处的风速可达 0.77 m/s,而整体平均风速约为 0.56 m/s;随着室内空气达到空调器的设定温度后,其送风速度有所下降,但室内平均风速仍然高达 0.22 m/s,超过了《民用建筑供暖通风与空气调节设计规范》的上限值与 ASHRAE 标准中给出的可能产生吹风感不适的风险阈值。

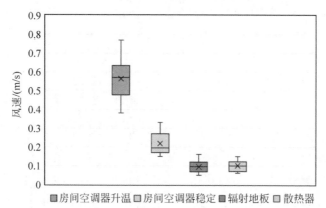

图 2.18　三种典型供暖末端室内风速

2.2.5　实地调研小结

在夏热冬冷地区几个典型城市对 37 户使用辐射地板、散热器与房间空调器的典型住户开展实地调研测试中,对不同供暖末端的实际供暖特征有了定性的认识与定量的分析、对比,可以得到以下结论:

(1)不同的供暖末端运行模式不同。对于辐射地板、散热器这样的辐射对流末端,用户通常采用连续运行的模式,区别在于设定温度的差异;而居民在使用房间空调器时通常间歇使用,节约型用户使用的频率极低,而富裕型用户使用的频率相对较高。

(2)不同的运行模式导致室内环境有所差异。辐射对流末端的设定模式导致室内环境显著不同,但是均在冬季 II 级舒适区附近,室内环境温度达标率高;但是房间空调器的室内环境温度整体偏冷,即使房间空调器的使用频率高,室内环境在大部分时间仍然偏冷。

(3)不同的运行模式导致能耗有所差异。连续运行的辐射对流末端能耗显著高于间歇运行的房间空调器,其平均能耗比房间空调器高了近 6 倍。

(4)影响运行能耗的因素包括室内设定温度、建筑保温与气密性、供暖末端热惯性等。对于辐射对流末端而言,建筑的保温与气密性对能耗影响大,主要由于其连续运行,相比于间歇运行的房间空调器而言,建筑供暖负荷对供暖能耗的影响更大。换言之,建筑保温与气密性对间歇运行的供暖能耗影响相对较小,但是其带来的问题是不供暖时室内空气温度更低。

(5) 不同供暖末端间歇运行时热响应速度不同,热响应速度越快表明间歇性越高。对于末端本身的热响应(末端升温的速度)而言,其间歇性排序为:房间空调器>散热器≫辐射地板。但是对于房间热响应(末端加热房间的速度)而言,间歇性排序为:房间空调器≫散热器>辐射地板。综合来看,辐射对流末端的间歇性远远不能满足夏热冬冷地区住宅间歇供暖的需求。

2.3　夏热冬冷地区供暖现状与满意度综合讨论

不同的供暖末端在不同运行模式下的供暖效果存在一定的差异,但是长期处于非集中供暖环境的夏热冬冷地区的居民在热适应方面较强,因此本节结合不同供暖末端的热环境与夏热冬冷地区居民的满意度,对其现状与其接受度展开综合讨论。

本研究在部分受测住户中发放了一定数量的主观问卷,要求居民在测试仪器附近填写,并标注出填写问卷时间,以便从测试数据中回溯与问卷填写时刻对应的环境参数。问卷主要针对居民对当下供暖末端营造的热环境的热感觉与综合满意度开展调研,热感觉投票采用 ASHRAE 7 级标度进行提问,其中−3,−2,−1,0,1,2,3 分别表示冷、凉、微凉、中性、微暖、暖和热。

2.3.1　相同供暖末端运行模式差异对比

本研究以辐射地板为例对相同供暖末端在运行模式中的差异进行分析对比与讨论,包括热环境、能耗与用户满意度。图 2.19 展示了在相同小区、相同户型调研对象家中同样的辐射地板在两种不同运行模式下的环境差异。对于高能耗辐射地板用户,其设定温度为 20 ℃,室内空气温度主要范围在 19～21 ℃,室内环境几乎均满足冬季Ⅱ级标准;但是低能耗辐射地板用户的设定温度较低,为 17 ℃,室内温度主要集中在 16～18 ℃,低于冬季Ⅱ级标准。不同的设定温度直接造成了能耗的巨大差异,通过对用户气耗账单进行统计与能耗拆分,高能耗辐射地板用户每平方米单位年供暖能耗高达 9.9 kgce/(m^2 · a),而低能耗用户的单位面积年供暖能耗仅为 6.7 kgce/(m^2 · a)。

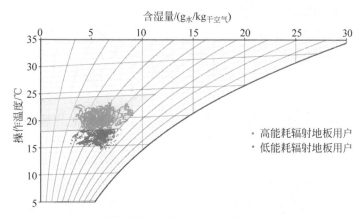

图 2.19　辐射地板在高低能耗运行下的室内热环境分布

　　综合满意度方面,图 2.20 展示了上述两类家庭对室内热环境满意度的主观调研结果。对于高能耗家庭而言,46％用户的投票结果为适中,54％的投票结果为满意;而低能耗家庭对于热环境的温度需求则显著更低,即使其热环境比高能耗家庭平均低了 3 ℃,但是用户的投票结果中适中仅占32％,而满意占比高达 68％。由此可见,对于夏热冬冷地区居民而言,在相同供暖末端的不同运行方式下,室内热环境的提高(靠近舒适区)可能不会带来满意度的提升。

图 2.20　高低能耗辐射地板室内环境满意度

2.3.2　结合主观感受的夏热冬冷地区供暖需求讨论

　　通过实地测试发现,使用房间空调器的建筑室内环境在整个供暖季大部分时间处于低温,仅在间歇使用房间空调器时温度较暖。本研究针对使用房间空调器的居民发放了主观调研问卷,其在整个供暖季期间均可填写,其中约 20％的问卷填写于房间空调器开启时。图 2.21 展示了房间空调器用户的主观调研结果,热感觉方面,66%的用户投票为适中,16%的投票感觉微暖,13%的投票感觉微凉,最后5%的投票感觉暖和热,整体来看热感觉偏向中性;而满意度方面,52%的投票结果为满意,44%的投票结果为适中,仅有4%的投票结果为不满意。

图 2.21   房间空调器用户热感觉与满意度调研

进一步对上述投票结果进行分析讨论:

(1)使用房间空调器的室内环境绝大部分空气温度低于 15 ℃,有些甚至低于 12 ℃的卫生学下限温度,但是居民对此环境的热感觉与满意度仍然是适中与可接受,主要是由于在居民自身增减衣物的调节、心理与生理的适应和局部供暖辅助的作用下,居民对偏冷的环境也是可以接受的。

(2)使用房间空调器供暖存在一定的过热风险,将上述投票结果与实际客观环境结果进行对应,可以发现居民出现的"暖"、"热"与"不满意"的投票均发生在房间空调器开启制热时,主要由于空调制热快,居民还没有来得及减少衣物;另外也存在热风直接吹在人员长时间停留处,导致居民出现过热抱怨的情况。

综上来看,夏热冬冷地区居民在不使用供暖措施的偏冷环境下,也具备一定的适应能力与可接受度,反而不合适的供暖措施会导致居民的不舒适。因此应选择合适的供暖末端针对性地解决夏热冬冷地区供暖问题。

2.3.3   现状研究与文献调研结果对比

在重点研究房间空调器、辐射地板与散热器的使用现状基础上,将表1.1中2013—2014年学者调研的上述三种供暖方式使用情况与本研究2016—2020年的网络问卷调研数据汇总对比于图2.22,可以发现随着经济水平与居民生活需求的提高,在使用上述三种供暖措施的居民中,使用辐射地板与散热器的数量显著增加,2013—2014年的样本中仅有11%的住户使用辐射地板与散热器,而2016—2020年的样本中该比例增加到19%。

能耗方面,表2.4展示了本研究的不同供暖末端能耗结果与表1.3的

图 2.22　房间空调器与辐射地板/散热器使用比例变化

文献结果对比情况,三种供暖末端的单位面积年供暖能耗均有小幅度增加,夏热冬冷地区居民近五年的供暖行为有所增加。

表 2.4　不同供暖末端能耗调研结果差异

调　研　者	供暖系统形式	供暖能耗/[kW·h/(m²·a)]
文献结果	房间空调器	0.6~4.0
	辐射地板	12.1~43.5
	散热器	36.9
本研究结果	房间空调器	0.9~8.4
	辐射地板	13.1~49.7
	散热器	21.6~55.0

2.4　本章小结

本章通过近年来 5276 份网络调研与 5 个典型夏热冬冷地区城市 37 户家庭的实际供暖测试,深入研究了当下夏热冬冷地区的实际供暖需求、供暖特征和发展趋势。

网络问卷调研结果发现:夏热冬冷地区居民现有的主要供暖方式仍然延续着传统的方式,包括房间空调器、局部供暖和不采取任何供暖措施,只有少量的居民开始使用辐射地板、散热器等辐射供暖末端,但是人们对辐射供暖末端有着极大的热情与期望。虽然不同供暖方式的运行模式不同,但居民对室内热环境的热感觉差异并不明显,即使没有采取任何供暖措施,居民也不会觉得特别冷(可以采取增减衣物等自我调节手段)。虽然热感觉差异不明显,但是居民对其满意度不尽相同,其中辐射地板、散热器的满意度最高。

现场实地测试发现：不同的供暖末端的运行模式是不一样的，所营造的室内环境也差异巨大。测试结果显示，辐射地板、散热器的末端热响应速度和加热房间的速度均低于房间空调器，其制热效果不明显，间歇性差，这也是居民在使用辐射对流末端时均选择连续运行，而房间空调器却能间歇使用的主要原因。连续运行的辐射地板、散热器的室内环境平均温度高，大部分能满足冬季 II 级标准，即高于 18 ℃；而间歇运行的房间空调器室内环境偏冷，室内平均温度仅为 12.9 ℃，远低于冬季 II 级舒适区标准。不过虽然不同供暖末端在不同运行模式下所营造的室内环境差异大，但是居民所呈现出的热感觉都偏向于中性，无论实际环境冷热与否，大部分居民仍倾向于满意与适中，这与夏热冬冷地区居民的热适应密不可分，说明居民在自己所选择的供暖末端、供暖模式下其内心上都是能够接受的。需要额外注意的是，不合适的供暖方式反而会适得其反，引起居民的不适应与不满意。

本章的研究结果明确了本书的研究要点：

（1）夏热冬冷地区近 20 年中绝大部分居民采用间歇性供暖，符合该地区节能方针，但是相较于过去文献调研结果，夏热冬冷地区居民目前正在使用与期望使用辐射地板、散热器的比例显著增加，如果按照这种趋势发展下去势必会增加未来夏热冬冷地区的供暖能耗。

（2）夏热冬冷地区不同供暖末端、不同供暖模式能耗差异巨大，通过本章的研究发现整体上夏热冬冷地区住宅供暖能耗水平相比于过去 10 年有所增加。倘若夏热冬冷地区住宅供暖方式按照网络调研所展现出的结果继续发展下去，其高供暖能耗势必会造成夏热冬冷地区建筑能耗的激增；而现有的房间空调器又存在舒适性差的问题。如何寻求一种优化的供暖末端，以实现舒适性的间歇供暖，是未来供暖末端领域应该关注的重点。

（3）探索现有供暖末端的供暖特性，是优化适宜于夏热冬冷地区供暖末端的关键。针对夏热冬冷地区住宅间歇供暖的需求，供暖末端应具备快速热响应特性、高供热功率、高舒适度等特征，同时应该结合热源品位进行"热源—末端—室内"的全过程分析，从而确定现有供暖末端的缺陷与优化方向。本章只是初步对不同供暖末端在实际运行中的间歇性进行了测试，但是缺乏对热源品位的分析对比，难以得到供暖末端的综合性能；同时本章中不同末端间歇性测试研究的边界条件受测试条件限制，无法对诸如建筑性能、初始温度、供热功率等客观条件进行控制，因此需要进一步开展详细、完善的对比研究，对不同供暖末端的特点进行进一步挖掘。

第3章 不同传统供暖末端对比研究

在第 2 章的实地测试中对不同供暖末端的间歇供暖特性有了初步的性能测试,包括其热响应速度、供热能力与室内环境分布特征,但是对比工况的边界条件受测试环境与客观因素限制,无法对诸如建筑性能、室外环境温度、起始温度、供热功率等客观条件进行控制,难以得到在完全相同初始条件下的对比结果。因此需要进一步建立科学的对比方式,开展详实、完善的对比研究,对不同供暖末端间歇供暖实测效果开展研究。

本章通过建立一个末端对比实验平台,将不同供暖末端(辐射对流末端与对流末端)分别放置于两个完全相同的实验房中,该实验房具备与住宅类似的蓄热性,能较为真实地还原实际住宅中不同供暖末端的效果。通过研究在不同供热功率、热源温度下,不同供暖末端的间歇供暖特性与室内环境温度分布特征,从而明确其间歇供暖特性与优化要点。

3.1 传统供暖末端对比思路与方法

3.1.1 研究方法与思路

为了客观清晰地对不同供暖末端展开测试对比研究,一套准确的实测平台是关键。因此,首先建立了一个模拟实际夏热冬冷地区住宅的供暖房间,并在其中安放三种不同的供暖末端:辐射地板、散热器与风机盘管,需要说明的是由于房间空调器在热源使用上难以与辐射地板、散热器统一,无法做到对热源变量进行控制,而风机盘管的实际换热过程与房间空调器的室内机近似,因此选择了风机盘管作为房间空调器的代表末端。

进一步搭建关于热源、不同供暖末端的供暖特征与室内环境温度分布的测试平台,其中包括热源的供水流量、供水回水温度;辐射供暖末端的表面温度、对流末端的进回风温度与风量;室内空气温度、黑球温度、垂直温度分布、水平温度分布与各围护结构内表面温度。在此基础上,对不同供暖末端在间歇供暖工况下的特征与所营造的室内环境开展研究,所涉及的变量主要包括热源供热量与热源温度。图 3.1 展示了本章的研究方法与思路。

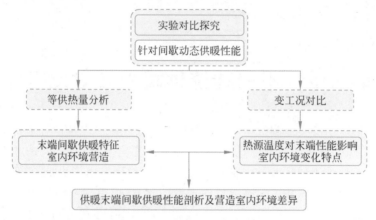

图 3.1   本章研究方法与思路

3.1.2   实验平台建设与介绍

本章所用的实验平台搭建于清华大学旧土木馆内,其由两个实验房与一个控制室组成,如图 3.2 所示。其中两个实验房的尺寸为 3 m×3 m×3 m,南向外墙装有 2 m×2 m 的双层中空断桥铝窗。实验房的各参数标准按照严寒地区住宅节能设计标准(JGJ 26—2018)进行设计,包括围护结构各部分的传热系数、窗墙比等。虽然该实验室位于严寒地区,但实验过程中室外温度控制为 0~2 ℃,在严寒地区高保温条件下,实际单位面积瞬时负荷约为 100~150 W,近似于夏热冬冷地区住宅间歇供暖负荷;同时由于本研究采用控制变量法着重研究供暖末端性能,不关注供热量与室内温度的

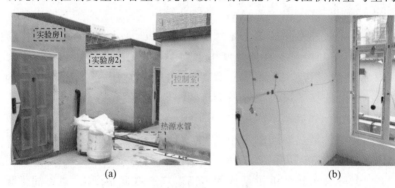

图 3.2   实验房照片

(a)外部视图;(b)内部视图

关系,故利用该实验平台得到的结果可以较好反映末端实际供暖性能。

图 3.3 为三个实验舱的具体内部布置系统图。其中实验房 1 中布置了散热器与风机盘管,实验房 2 中布置了散热器、风机盘管与辐射地板,两个完全相同实验房中布置相同的供暖末端目的是为了在同样的室外环境条件下实现对不同供暖末端的横向对比研究。而控制室中包括为两个房间供暖末端提供热水的热源、测量热源流量的流量计与采集相关参数的数据记录仪。

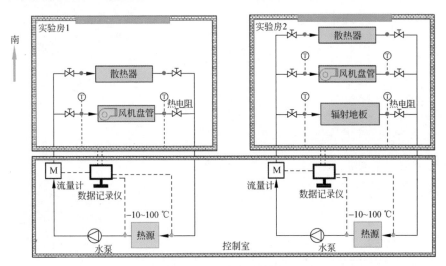

图 3.3　实验房系统图

表 3.1 给出了主要设备的相关选型与参数。其中辐射地板与散热器的选型与安装采用与夏热冬冷地区住宅相同的形式,辐射地板底部设置有保温层,铺设间距根据实验房的供热负荷确定,散热器的选型与辐射地板的供热量近似,同时选用风机盘管模拟房间空调器的供暖形式,其最大供热量与辐射地板、散热器近似。数据记录仪选用安捷伦 34970A,可以设置数据采样间隔时间,本研究采样时间为 5 s。热源选用两个 50 L 恒温水箱分别向两个实验房供给热水,其内部安装有压缩机、电热器与水泵,能够制取并输送 $-10\sim100\ ℃$ 恒温水,由于在实验过程中室外气温存在低于 $0\ ℃$ 的工况,因此循环介质采用 19% 的乙二醇水溶液,其密度约为 $1.0206\ \text{g/cm}^3$,热容约为 $3.88\ \text{kJ/(kg・K)}$。需要说明的是,本研究对热量测试的精度要求较高,因此如何测得准确的流量是本研究的关键,在对常规的涡轮流量计、转子流量计进行预测试之后发现,其精度很难得到保证,受循环介质的内部杂质影响较大,因此选择使用科里奥利质量流量计作为本研究的流量计,其测

试原理是利用流体在振动管道中流动产生与质量成正比的科里奥利力来确定质量流量,经过校核其测试精度能达到设备标定的 0.005 kg/h。

表 3.1　主要设备型号与参数

设　备	型　号	参　数	照　片
辐射地板	采用夏热冬冷地区住宅中常见型号与铺设方法	供热量 800~1200 W	
散热器	GZ60,8 片	供热量 600~1600 W	
风机盘管	FFP40	额定供热量 700~1500 W 风量 170~340 m^3/h	
数据记录仪	安捷伦 34970A	可设置数据采集间隔	
热源	50 L 恒温水箱	制热功率 4000 W,稳定温度±0.1 ℃	
流量计	科里奥利流量计	测试质量流量 不确定度为±0.005 kg/h	

在实际测试中,本研究针对室内热环境变化特征、末端供暖性能展开测试研究,因此需要对室内环境相关参数、末端供热性能进行测试。图 3.4 展示了各个部分的测试传感器与布置方法。

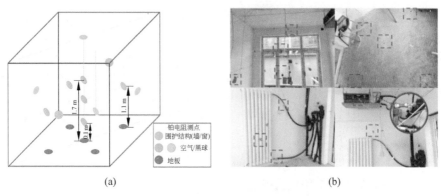

铂电阻测点
围护结构(墙/窗)
空气/黑球
地板

(a)　　　　　　　　　　　　　(b)

图 3.4　内部测点布置

(a) 示意图;(b) 实物图

对于室内环境相关参数,每个房间内布置了 17 个温度测点,采用的传感器是两线制的铂电阻,其精度为 0.1 ℃。测试内容包括:各围护结构内表面温度、窗户内表面温度、地板表面温度、室内空气水平温度分布(水平 1.1 m 高处均匀分布 5 个测点)和垂直温度分布(分别安置在房间正中间 0.1 m、1.1 m 与 1.7 m 高处)。

对于供暖末端性能,主要对其供暖性能与供热量进行测试研究。评价辐射供暖末端的性能主要依据其表面温度分布,因此本研究在辐射地板、散热器表面均匀布置若干测点,而对于风机盘管测试了不同挡位的风量与进/回风温度,温度测点仍然选用两线制的铂电阻。由于对供热量的精度与稳定性需求较高,因此采用了四线制的铠装铂电阻对三种不同供暖末端的进出口介质温度进行测试。

同时在室外背阴处布置了一个两线制的铂电阻对室外气温进行实时测量。

3.1.3　对比实验研究方案

本研究将通过控制变量法,将热源温度、供热量作为自变量,对比研究不同末端的供暖特性与所营造室内环境特征。所有工况均在晚上进行,一方面晚上的室外气温较为稳定,同时没有太阳辐射对室内环境的影响。

供暖末端的供热量计算公式为

$$Q = c \times G \times \Delta T_1/3600 \tag{3.1}$$

式中，Q——水侧计算出的末端供热功率，W；

c——19%乙二醇在对应温度下的热容，J/(kg·K)；

G——供入末端的乙二醇水溶液质量流量，kg/h；

ΔT_1——供入末端的乙二醇水溶液进出口温差，K。

需要说明的是，在供暖启动初期，实际热源输入给末端的供热量大于末端的蓄热量，其多余的热量用于末端本身的蓄热，但是在稳定供暖时，可以认为热源的供热量等于末端向环境的供热量。

对于风机盘管，可以根据公式(3.2)进行热量平衡校核。

$$Q_0 = c_0 \times \rho \times V \times \Delta T_0/3600 \tag{3.2}$$

式中，Q_0——风侧计算出的风机盘管供热功率，W；

ρ——对应温度下的空气密度，kg/m^3；

V——风机盘管出风风量，m^3/h；

c_0——对应温度下的空气热容，J/(kg·K)；

ΔT_0——风机盘管进回风温差，K。

对于室内环境温度分布，主要探讨室内环境在供暖末端间歇运行工况下的动态变化过程，包括垂直温度分布与水平温度分布，对室内空气温度分布特征进行研究，同时结合围护结构内表面温度对室内中心处的平均辐射温度(mean radiant temperature，MRT)进行研究，其计算见公式(3.3)。

$$T_R = \sum_{j=1}^{6}(F_j \times T_j) \tag{3.3}$$

式中，T_R——平均辐射温度，℃；

F_j——六个围护结构内表面相对于室内中心处的角系数；

T_j——六个围护结构内表面的平均温度，℃。

为了全面探究不同供暖末端的供暖性能，首先在供热量均为1000 W时研究不同供暖末端的自身供暖特性与室内环境温度分布；然后进一步改变相关实验工况。不同研究工况见表3.2。

表3.2　具体研究对比工况

工　况	末端形式	变　量	研究内容
典型工况	辐射地板 散热器 风机盘管	供热量相同(1000 W) 热源温度不同	1. 典型工况供暖特征 2. 定供热量下不同末端差异

续表

工　况	末 端 形 式	变　　量	研 究 内 容
对比研究	辐射地板	供水温度	1. 不同工况下的供暖差异 2. 不同末端的变化情况对比
	散热器	供水温度	
	风机盘管	供水温度/送风量	

3.2　不同供暖末端典型间歇工况供暖特征

3.2.1　辐射地板典型工况分析

图 3.5 为辐射地板在典型间歇供暖工况下的末端供暖特征。当热源温度约为 48 ℃时,辐射地板在稳定供热时的功率约为 980 W,其稳定时间约为 4 h,在该时刻辐射地板的表面温度与室内环境温度达到相对稳定。但是在辐射地板启动阶段,热源的供热量从最初的 3000 W 下降至随后的 980 W,下降速度逐渐变缓,地板表面的温度逐渐升高,辐射地板的供热量也在逐渐升高。整个供暖过程中,房间内空气温度与各围护结构表面温度分布均匀且近似,平均空气温度与平均辐射温度几乎相同。

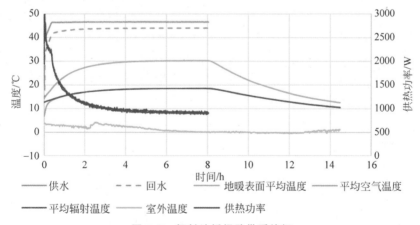

图 3.5　辐射地板间歇供暖特征

在辐射地板间歇运行过程中,由于其加热室内空气传热过程为与地板表面接触空气的对流换热,因此在实际供暖过程中靠近地面的空气温度较高,但由于热空气的密度低于冷空气,因此被加热的空气会受浮升力的作用上升并与上部冷空气对流换热,实际辐射地板在间歇运行供暖过程中的垂直温差(详见图 3.6)均小于 1.0 ℃/m,且上冷下热,符合人体对热舒适的需求。

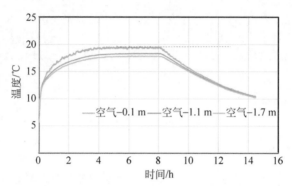

图 3.6　辐射地板间歇供暖下室内垂直温度分布

3.2.2　散热器典型工况分析

不同于辐射地板,散热器的间歇性相对较高,其表面温度能在 1 h 内达到稳定,而供热量在升温初期包括了散热器内部循环水蓄热热量和散热器向室内供热的热量,因此在升温过程中供热量大,随着散热器稳定后供热量达到稳定,约 1050 W(见图 3.7)。在散热器停机后,散热器表面温度缓慢降低,降温速度先快后慢,整个过程中仍然与室内平均空气温度与平均辐射温度存在温差,持续向室内供暖,热量来源于前期蓄热。同时,室内平均空气温度与平均辐射温度在整个间歇供暖过程中存在一定的分离,空气温度整体高于平均辐射温度。

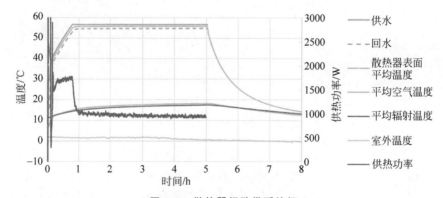

图 3.7　散热器间歇供暖特征

进一步,图 3.8 为散热器所营造室内环境中各围护结构内表面温度变化趋势。不同于辐射地板,靠近散热器的墙体温度最高,而地板的温度最低,不同围护结构内表面最大温差可达 10 ℃,主要受该表面与散热器之间的角系数、该表面与室外环境热阻的影响。但是由于散热器实际的辐射换热系数小,对流换热系数高,室内空气温度比平均辐射温度高约 0.7 ℃,而辐射地板工况下上述各处温度差异不明显。

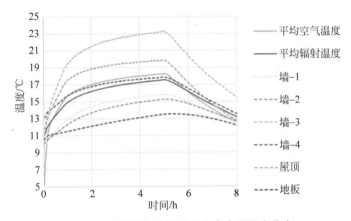

图 3.8　散热器间歇供暖下室内表面温度分布

由于散热器的对流换热占比相对较高,且其构造上高度达到 2 m,使得所加热的空气绝大部分悬浮于室内上方,垂直温差可达 3.8 ℃/m(见图 3.9)。不同于辐射地板符合人体热舒适需求的头冷脚热,散热器所营造的室内环境表现为上热下冷。

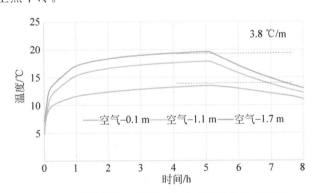

图 3.9　散热器间歇供暖下室内垂直温度分布特征

3.2.3 风机盘管典型工况分析

不同于辐射地板与散热器,风机盘管在只需要供给 37 ℃热水、风机挡位为低速(170 m³/h)工况下,就能达到约 1000 W 的供热量(见图 3.10)。风机盘管在间歇供暖时具有"热得快、凉得快"的特征,启动后供水温度在 4 min 左右达到稳定,完成其内部循环介质的蓄热;而供热量主要受出风、回风温度变化的影响,在开启运行 2 h 后达到稳定,回风温度越高,风机盘管的供热量越低。除此之外,风机盘管的回风温度在供暖过程中略高于室内空气(主要受热空气上升的影响,因回风温度的回风口在房间的上方),但是整个过程中房间内的平均辐射温度略微高于空气温度。

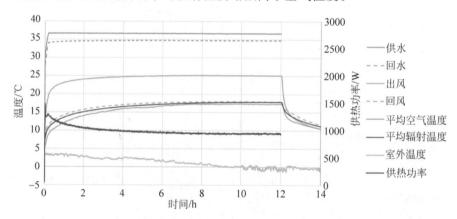

图 3.10　风机盘管间歇供暖特征

通过对各个围护结构内表面的温度变化特征进行分析(详见图 3.11),可以发现屋顶的空气温度最高,在开启供暖后的 1 h 内升高至 23 ℃,而地板在整个 12 h 的供暖时间内仅从 7 ℃升高至 10 ℃,然而其他四面墙的内表面温度差异不大,由于屋顶较高的内表面温度使得室内平均辐射略微高于空气温度。实际导致上述问题的原因是风机盘管送供热风主要聚集于房间上方,其实际供暖过程中存在极为严重的热空气"下不来"的问题。

对风机盘管所营造室内环境的垂直温度分布进行研究(详见图 3.12),可以发现室内三个高度的空气温度上升趋势有所不同。位于 1.7 m 高度的空气温度上升最快,而 0.1 m 高度的空气温度上升最慢,实际风机盘管所吹出的热风先聚集于上方,然后热空气通过空气与空气之间的导热与掺混,慢慢将热量传递至下方,到地面处几乎没有供暖效果,整个供暖过程的

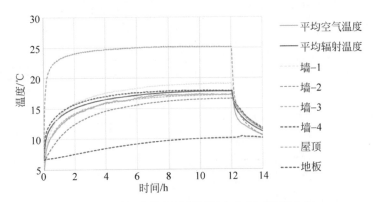

图 3.11 风机盘管间歇供暖下室内表面温度分布

垂直温差高达 5.9 ℃/m。

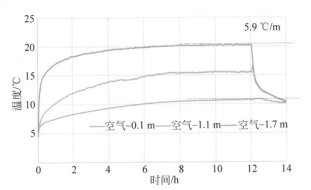

图 3.12 风机盘管间歇供暖下室内垂直温度分布特征

风机盘管供暖过程可以进行相应的热量平衡校核,即在稳定阶段通过公式(3.1)与公式(3.2)的热量对比,对其热量是否相等进行校核,校核结果是两者热量的差异在 10% 以内,满足测试基本要求。

3.2.4 不同供暖末端供热特性对比

通过对不同供暖末端稳定供热量为 1000 W 的相关工况进行深入研究,可以发现末端供热特性与室内环境分布特点有较大差异。

首先对于末端供暖特性方面,不同末端本身的升温时间有所差异,辐射地板表面达到稳定温度所耗时间最长,而风机盘管的热响应速度则最快;不同末端降温速度也不同,由于辐射对流末端内部的蓄热较大,因此在停止供暖后降温的速度较慢,但是风机盘管内部蓄热小、降温速度快。在上述三种工况中,室外空气温度近似,供暖房间完全相同,在达到相同供热量时的热源温度却不同,其主要受末端本身的换热系数影响,直观体现在内部的换热温差。为了直观地对比上述三种供暖末端的蓄热量,通过计算热源供出的热量与末端实际向室内供入的热量之差,确定其为供暖末端的内部蓄热量,如公式(3.4)所示。

$$q_0 = (Q - Q_i) \times t / 3600000 \qquad (3.4)$$

式中,q_0——末端的蓄热量,kW·h;

　　Q——热源输入的供暖功率,W;

　　Q_i——末端向房间实际的供暖功率,W;

　　t——末端蓄热时间,s。

但是实际研究中 Q_i 受末端形式所限很难测得,因此首先在稳定工况下对供暖末端的换热能力进行研究,因为稳定工况下 Q 近似与 Q_i 相等:

$$k_0 = Q_i / \Delta T_i \qquad (3.5)$$

式中,k_0——末端供暖过程中的平均换热系数,W/K;

　　ΔT_i——稳定供暖时室内操作温度与末端温度之差,K。

由于不同供暖末端的换热面积难以确定统一,因此使用了考虑换热面积的平均换热系数对其进行评价。

进而根据所计算得到的 k_0 反推末端在升温过程中向房间实际的供暖功率:

$$Q_i = k_0 \times \Delta T_i \qquad (3.6)$$

综合来看,对于末端间歇供暖特性,其升温时间和降温时间是影响室内环境温度变化的直接原因,同时其换热温差与换热系数大小影响着末端实际供暖能力,而末端的蓄热决定其间歇供暖过程中的直接能量损耗。

对于室内环境分布特征而言,不同供暖末端在间歇供暖下所营造的房间室内环境的升温时间、停机后的降温时间不尽相同,同时受末端与室内换热方式差异的影响,室内的垂直温差、围护结构内表面温差和平均空气温度与平均辐射温度之差也完全不同。表3.3汇总了上述所有差异的具体数值。

表3.3　不同供暖末端间歇供暖特征参数差异对比

对比内容	特征值	辐射地板	散热器	风机盘管
末端供暖特性	升温时间/h	3.70	0.70	0.08
	降温时间/h	6.40	2.30	0.07
	热源温度/℃	46.60	56.70	36.50

续表

对比内容	特征值	辐射地板	散热器	风机盘管
末端供暖特性	换热温差/℃（热源—末端）	15.10	2.10	12.10
	换热系数/（W/K）（末端—室内）	81.20	27.10	125.00
	蓄热量/(kW·h)	2.30	1.20	0.05
室内环境分布特征	升温时间/h	4.20	4.10	4.00
	降温时间/h	5.10	4.80	2.30
	垂直温差/(℃/m)（高—低）	−1.00	3.80	5.90
	最大内表面温差/℃	0.30	9.70	15.10
	平均空气或辐射温差/℃	0.10	0.70	−0.60

通过上述对比结果可以得到，风机盘管本身的间歇性强，内部蓄热量极低，换热系数最高，散热器与辐射地板的蓄热量均大于 1 kW·h；但是散热器对热源利用率最高，散热器表面温度与热源的温差最小。室内环境温度分布特征方面，由于三种末端在实际工况的供热量近似，因此室内升温速度差异不大，但是停机后风机盘管营造的室内环境降温最快，主要有以下两个原因：①风机盘管蓄热小，停机后没有热量持续向房间内持续供暖，降温速度快；②风机盘管加热室内的换热方式主要为对流换热，建筑围护结构的蓄热较少，而辐射对流末端加热室内的热量一部分加热了围护结构并储存于围护结构中，因此停机后风机盘管室内温度的降温速度较快。图 3.13 进一步展示了实际间歇供暖过程中各供暖末端围护结构升温速度，其中辐射地板最快，风机盘管最慢，辐射地板的辐射换热能力优于散热器，而风机盘管在实际供暖过程中要先加热室内空气，进一步才通过空气与围护结构的对流换热加热围护结构。

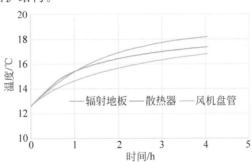

图 3.13　不同供暖末端围护结构内表面平均温度

3.3　不同工况对比研究

在实际间歇供暖过程中,不同供暖末端的实际供暖功率根据用户设定情况会有所差异,因此需要探究在不同供暖工况下末端供暖特征的变化,以明确供暖末端在实际动态变化工况下的供暖特性。

3.3.1　变热源温度

不同热源温度下直接影响的是末端供暖的特征,如表面温度、供热功率、出风温度、升温时间等。而室内环境温度分布主要受末端的供暖功率与末端和室内换热方式的影响,供暖功率越大,室内环境温度上升越快;而末端与室内的换热方式几乎不变,即辐射地板仍然是自然对流与辐射换热相结合,风机盘管仍然是自然对流换热,其所营造的室内环境特征与典型工况差异不大。因此本节主要讨论在不同热源温度下不同末端的供暖特性的差异。

由于在辐射地板供暖过程中,其表面温度不宜过高,而在 3.2.1 节所述工况下地板表面温度已达到 30 ℃,所以主要选取了室外温度相近,且两个不同热源温度下的辐射地板工况进行对比研究。表 3.4 给出了热源温度分别为 37.3 ℃与 46.6 ℃下,辐射地板的供暖特性对比。通过对比可以发现,热源温度越低,辐射地板自身内部蓄热量也越低,因此达到稳定的时间与停机后的降温时间更短,其间歇性更强;但是热源温度的降低使得辐射地板表面温度降低,当热源温度为 37.3 ℃时,辐射地板表面温度仅为 25.6 ℃,换热温差为 11.7 ℃;但是热源温度升高至 46.6 ℃时,辐射地板表面温度高达 31.5 ℃,两者之间的换热温差更大,9.3 ℃的热源温差会使得供暖功率下降 33%,从 953 W 降低至 636 W。通过上述对比可以发现,辐射地板所利用的热源温度越低,其热响应速度越快,但是供热量会随之减小,两者在间歇性的提升维度上存在一定的矛盾。

表 3.4　热源温度对辐射地板间歇性能影响

辐射地板对比内容	热源 37.3 ℃	热源 46.6 ℃
升温时间/h	3.4	3.7
降温时间/h	5.8	6.4
地板表面温度/℃	25.6	31.5

续表

辐射地板对比内容	热源 37.3 ℃	热源 46.6 ℃
换热温差/K(热源—末端)	11.7	15.1
供暖功率/W	636.0	953.0

对于散热器在不同供暖工况的对比,本研究共设置了三种工况,热源温度分别为 47.6 ℃、56.7 ℃ 与 66.3 ℃,图 3.14 为散热器在上述三种不同供暖工况下供暖特性对比。通过研究可以发现,各个工况中散热器的升温时间显著短于降温时间,具有升温快、降温慢的特点;同时热源温度对散热器表面温度和热源温度之差略有影响,但差别不大,散热器表面温度与热源温度极为接近。供暖功率方面,随着散热器温度升高,其供热量成线性增长,但是增长量不大。对于辐射地板而言,热源温度升高近 10 ℃ 带来的供暖功率提升超过 300 W,而散热器升高近 10 ℃,供暖功率只增长了约 200 W,主要由于散热器本身的热源温度高。

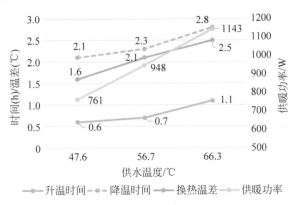

图 3.14　热源温度对散热器间歇性能影响

本研究还对比了风机盘管在不同热源温度下的稳态供暖特征,结果展示于表 3.5 中,其中两个工况的送风量均为 170 m³/h。在不同热源温度下,风机盘管本身的升温速度与降温速度都在 5 min 左右,换言之当热源供入风机盘管时,其热得快;而当热源停止供入后,风机盘管凉得快。但是在供暖功率上,热源温度的提升并没有带来显著供暖功率的变化,其主要由于送回风温差差异不明显。差别主要体现在热源温度越高,所营造的室内环境温度也就越高,进一步使得回风温度越高,送风温度也就越高,回风温度与风机盘管的换热温差变化不大。

表 3.5　热源温度对风机盘管间歇性能影响

风机盘管对比内容	热源 36.5 ℃	热源 44.9 ℃
升温时间/min	4.1	5.2
降温时间/min	5.1	3.9
送风温度/℃	24.4	36.7
回风温度/℃	17.7	29.7
供暖功率/W	971.0	982.2

3.3.2　变送风量

　　热源温度对辐射对流末端和风机盘管的供暖效果影响较大,但是对房间空调器而言,其热源温度受蒸气压缩循环的限制,不如以水为介质的热源调节灵活,因此实际应用中多采用风量调节。以风机盘管为例,开展了对流供暖末端在送风量变化时供暖效果的差异研究。所选风机盘管共设置有三挡可调节风速,分别为低挡风速 170 m³/h,中挡风速 260 m³/h 与高挡风速 360 m³/h,进一步在热源温度为 37 ℃(±0.5 ℃)条件下,对其供暖效果进行对比研究。

　　图 3.15 为风机盘管的实际供暖效果差异,风量越大,供暖功率越大,高挡风速下供暖功率是低挡风速下的两倍。但是送风温度方面,随着送风量的增加,稳态供暖下的送风温度呈现出先增加后降低的趋势。风速越低,实际上与风机盘管内部换热盘管的换热越充分,意味着得到的热量更多,温度越高,从图 3.15 中低挡风速工况下的出风温度可见,起始节点送风温度的升温速度最快;但是由于送风量低,供暖功率低,回风温度上升较慢,因此随着中挡、高挡工况的回风温度迅速升高,其送风温度会迅速超过低挡工况的送风温度。然而,中挡工况的送风温度高于高挡工况,主要受以下两个原因的影响:①风速进一步增大,会导致单位体积的风量与风机盘管中换热盘管换热量降低,其温升量降低;②风速越大,室内的气流扰动越强,相对而言热量分布更加均匀,使得回风温度相对更低。

　　除此之外,随着送风量的增加,室内平均空气温度与平均辐射温度之间的关系呈现出一定的差异。在低挡风速工况下,平均空气温度与平均辐射温度差异不大,甚至平均辐射温度略高于平均空气温度;而图 3.16 为高挡风速工况下两者的差异,平均空气温度比平均辐射温度高近 4 ℃。随着送风量的增加,室内空气温升速度迅速增加,而围护结构温度上升的速度并不

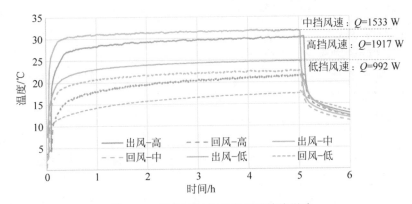

图 3.15　风量对风机盘管间歇性能影响

快,屋顶的高温度对整个平均辐射温度的影响被削弱。

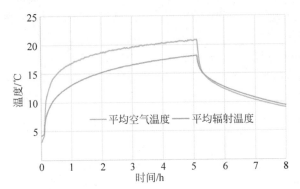

图 3.16　高挡风速下平均空气温度与辐射温度差异对比

3.4　本 章 小 结

本章对三种不同的供暖末端展开了实验探究,包括典型供暖工况的深入挖掘和在不同工况下的变化特性,了解了常见的辐射供暖末端与对流供暖末端在间歇供暖工况下的供暖优势与存在的问题。

辐射地板在间歇供暖时存在热响应速度慢,间歇性差的特点。由于其循环水系统与地板蓄热量大,导致辐射地板在实际营造环境过程中本身热得慢,而房间温度也热得慢,但是其营造的室内环境温度分布均匀,舒适性较高;停止供暖后辐射地板内部蓄热会持续向房间供暖,导致房间温度降温慢。随着辐射地板供水温度的降低,其间歇性有所增加,辐射地板升温速度有所提升,但是供热量降低。因此综合分析,辐射地板适用于高保温、供暖负荷不高且连续运行的使用场合。

相比于辐射地板,散热器的热响应速度相对较快,但是其间歇性仍然不高。受散热器与室内的换热系数限制,其不仅在实际供暖过程中对热源温度的需求最高,而且加热室内所需要的时间也较长;停止供暖后散热器降温速度相较于辐射地板更快,但是时间周期仍然大于 2 h。除此之外,散热器所营造的室内环境温度分布不均匀性比辐射地板大,室内环境的垂直温差显著。散热器比辐射地板更适用于间歇运行的场合,但是其间歇性仍然不满足夏热冬冷地区的实际需求。

通过对风机盘管的研究,可以类比得知房间空调器室内机的间歇性高,末端本身蓄热小,供暖功率大的特点,其加热房间的时间在 10~20 min;停机之后房间也迅速降温,能满足夏热冬冷地区间歇供暖的实际需求。但是对流末端所营造的室内环境存在热空气"下不来"的问题,室内垂直温差非常显著。另外,辐射对流末端在实际供暖过程中与室内空气换热的方式不变,换热系数变化不大,而对流末端的自身调节能力强,可以通过调节风速对供暖功率进行调节,实现更快速度的间歇供暖,但是随之而来的是更高的送风温度可能会造成热不舒适。

综合分析,现有的辐射对流末端与对流末端难以实现舒适性间歇供暖,换言之能耗与舒适性难以达到综合最优,因此研发能够快速营造舒适室内环境的末端是解决夏热冬冷地区供暖现存问题的关键。通过对现有末端的优势与缺陷剖析,其应具备以下几个特征:

(1) 与室内人员能产生辐射换热,室内环境更均匀,舒适性更高;
(2) 辐射对流末端部分热惯性(蓄热)小,热响应速度快;
(3) 供暖功率较大且可调,能适用于变化的需求场景。

第4章 基于㶲理论的供暖末端间歇供暖性能分析

根据第 2 章的实测研究与第 3 章的实验研究,不同供暖末端的间歇供暖性能有所差异,主要体现在"热源—末端—室内"的传热过程中。不同供暖末端由于内部传热特性的差异,对热源品位的需求有所不同,同时也对末端本身热响应速度有所影响。本章在第 3 章实验数据的基础上,建立了基于㶲理论的供暖末端间歇供暖性能分析方法。在已有的㶲分析理论基础上,提出将不同供暖末端的间歇供暖过程分为若干典型阶段,进而分析其在典型时刻的传热特性与㶲耗散特征,在此基础上建立"热源—末端—室内"累积㶲耗散分析方法,根据供暖末端间歇供暖过程中的累积㶲耗散特征,反映其对热源的利用和供暖末端自身供暖性等综合供暖能力。通过对常见的三种供暖末端(辐射地板、散热器、风机盘管)展开实际分析,其中风机盘管的相关研究结果用于参考对比房间空调器实际供暖效果,整个对比研究旨在全面评价不同末端在"部分时间、部分空间"间歇供暖模式下的适用性与节能潜力,并通过对比不同末端各自在间歇供暖过程中的差异与优势,为未来新型供暖末端的优化提供理论支撑。

4.1 基于㶲理论的末端间歇供暖性能分析模型

4.1.1 不同供暖末端能量流动分析

分析供暖末端对热量品位的利用与换热能力,应首先对其供暖过程中的能量流动展开分析。本章着重对比的三种供暖末端(辐射地板、散热器与风机盘管)在实际间歇供暖过程中的热量传递具有一定的相似性,其系统能量流动如图 4.1 所示。在热源向末端输入热量时,首先加热循环介质(过程 Ⅰ),其中一部分热量储存到了被加热的介质中(过程 Ⅱ),一部分热量通过循环介质加热末端(过程 Ⅲ),其中一部分热量储存于末端中(过程 Ⅳ),剩下的热量传递至室内实现供暖(过程 Ⅴ),最后进入室内的热量再通过围护结构传热、渗风漏热等途径散至室外(过程Ⅵ)。

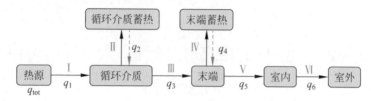

图 4.1　不同供暖末端能量流动过程

表 4.1 给出了三种典型供暖末端的能量流动差异。其中辐射地板系统最为复杂,其包含了过程Ⅰ～Ⅵ的全部典型换热过程,而散热器和风机盘管则相对简单。散热器供暖系统在过程Ⅲ与Ⅳ的换热模式与辐射地板有所差异,主要因为散热器自身的蓄热较小,几乎可以忽略,散热器系统的主要蓄热由其内部循环水系统决定;而风机盘管供暖系统在过程Ⅱ、Ⅲ和Ⅳ与辐射地板有所差异,一方面由于风机盘管内部盘管供暖自身蓄热小,其次由于风机盘管是一种对流供暖末端,通过加热空气而使得室内空气温度提升,因此将风机盘管所加热的空气归为上述能量流动环节中的末端环节,其自身蓄热全部用于加热室内空气。上述流动环节在 4.2 节对每个供暖系统的详细分析中会进一步解释。

表 4.1　三种不同供暖末端能量流动差异

不同过程	辐射地板	散热器	风机盘管
过程Ⅰ	壁挂炉/空气源热泵加热循环水	壁挂炉/空气源热泵加热循环水	热源加热盘管
过程Ⅱ	循环水蓄热	循环水蓄热	盘管蓄热(可忽略)
过程Ⅲ	循环水加热地板	循环水加热散热器(可忽略)	盘管加热空气
过程Ⅳ	地板蓄热	散热器蓄热(可忽略)	被加热的空气蓄热
过程Ⅴ	地板加热室内	散热器加热室内	空气加热室内
过程Ⅵ	房间散热	房间散热	房间散热

4.1.2　基于㶲理论的供暖末端评价方法

在 1.2.3 节中提到㶲概念最早由过增元院士团队提出,来源于热传导与导电比拟,用于解决传热学中复杂的传热过程。对于自然界中发生的任意热量传递过程,均不可避免地带来㶲耗散。以两个物体间的热传递为例,

对于任意 τ 时刻,两物体间(温度分别为 T_1 与 T_2)热量传递过程损失的㶲,即为该过程的㶲耗散(Δe),其由高温物体提供,并等于两传热物体间温差与热流量的乘积。㶲耗散大小不仅能反应物体间的传热量,也能反应传热过程中热量品位的损失与内部热阻,适用于全面分析供暖过程。其表达方式为 $T\text{-}q$ 图,其中横坐标为换热功率(W),纵坐标为温度(K),其围成面积的大小反映了传热过程中的㶲耗散 $\Delta e(\tau)$(W・K)。

$$\Delta e(\tau) = (T_1 - T_2) \times q(\tau) \tag{4.1}$$

因此基于 4.1.1 节所提出的能量流动分析,可以对其传递过程简化为"热源—末端—室内—室外"的 3 个主要传热过程,即热源将热量传递给供暖末端,末端将热量传递给室内,最终室内的热量散向室外,其任意时刻 τ 的换热过程的㶲耗散可以利用图 4.2 中的 $T\text{-}q$ 图进行分析,从而直观地表达供暖末端营造室内环境的本质。

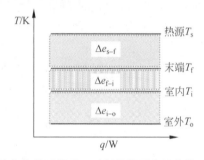

图 4.2　简化传热过程后 τ 时刻的供暖末端传热过程 $T\text{-}q$ 图

图 4.2 给出了供暖末端供暖的 τ 时刻的㶲耗散情况,此时供暖末端的供暖功率为 $q(\tau)$,单位为 W,$T_s(\tau)$、$T_f(\tau)$、$T_i(\tau)$ 和 $T_o(\tau)$ 分别表示在 τ 时刻热源、末端、室内和室外环境的平均温度,单位为 K。三个传热过程中的㶲损失,称为各个过程 τ 时刻的㶲耗散 $\Delta e(\tau)$,其由高温物体提供,并等于两传热物体间温差与热流量的乘积,因此三个不同传热过程 τ 时刻的㶲耗散可以表示为

热源—末端的㶲耗散:$\Delta e_{s\text{-}f}(\tau) = (T_s(\tau) - T_f(\tau)) \times q(\tau)$　(4.2)

末端—室内的㶲耗散:$\Delta e_{f\text{-}i}(\tau) = (T_f(\tau) - T_i(\tau)) \times q(\tau)$　(4.3)

室内—室外的㶲耗散:$\Delta e_{i\text{-}o}(\tau) = (T_i(\tau) - T_o(\tau)) \times q(\tau)$　(4.4)

通过对三个传热过程的㶲耗散分析,能够得到供暖末端在 τ 时刻的实际供暖特性,热源—末端的㶲耗散 $\Delta e_{s\text{-}f}(\tau)$ 能够反映末端利用热源热量的效率,其㶲耗散值越低,则利用率越高;末端—室内的㶲耗散 $\Delta e_{f\text{-}i}(\tau)$ 能反

映末端向室内传热的能力,表征其瞬时供暖能力;室内—室外的㶲耗散 $\Delta e_{i-o}(\tau)$ 表征室内的供暖水平。上述这种基于某一时刻稳态㶲耗散的评价方法,虽然能够反映末端在某一时刻的供暖能力与对热源热量的传递能力,但是无法反映其在间歇供暖过程中的动态变化特性,进而难以全面评估。

为了进一步探究供暖末端在"热源—末端"和"末端—室内"两部分核心传热过程中的㶲耗散动态变化特征,本研究提出了可综合体现末端传热量、能源品位损耗和间歇供暖性能的物理量——累积㶲耗散(ΔE)。"累积㶲耗散"由某一时刻㶲耗散按照时间积分得到,如图 4.3 所示,相比于传统的 T-q 图,累积㶲耗散的 T-Q 图中的横坐标 Q 单位为 J,而图中曲线 T_s 和曲线 T_i 分别表示在间歇供暖过程中某一段时间内热源温度和室内空气温度变化的曲线,即"累积㶲耗散"包含了物理量运行时间。灰色阴影面积为运行时段内系统的累积㶲耗散大小,红色阴影面积则为 τ 时刻系统的瞬时㶲耗散大小,也就是 4.1.1 节中所述的㶲耗散。

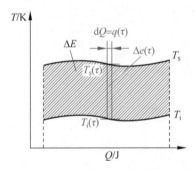

图 4.3　按时间积分后的累积㶲耗散

基于公式(4.2)~公式(4.4),可以得到三种不同传热过程累积㶲耗散的计算式。

热源—末端的累积㶲耗散:

$$\Delta E_{s-f}(\tau) = \int \Delta e_{s-f}(\tau)\,d\tau = \int (T_s(\tau) - T_f(\tau)) \times q(\tau)\,d\tau \qquad (4.5)$$

末端—室内的累积㶲耗散:

$$\Delta E_{f-i}(\tau) = \int \Delta e_{f-i}(\tau)\,d\tau = \int (T_f(\tau) - T_i(\tau)) \times q(\tau)\,d\tau \qquad (4.6)$$

室内—室外的累积㶲耗散:

$$\Delta E_{i-o}(\tau) = \int \Delta e_{i-o}(\tau)\,d\tau = \int (T_i(\tau) - T_o(\tau)) \times q(\tau)\,d\tau \qquad (4.7)$$

对供暖末端间歇供暖特性分析对比时,需要着重关注与供暖末端直接相关的换热环节,因此在对其累积㶲耗散分析时,仅考虑"热源—末端"与"末端—室内"两个与供暖末端直接相关的传热过程,即不考虑室外侧。供暖末端间歇运行的一个完整阶段内热源提供的㶲耗散则等于热源与室外环境平均温差与总供热量的乘积,如公式(4.8)所示。式中,ΔE_{sup} 表示该时段热源提供的总㶲耗散(J·K);T_s 和 T_o 分别表示该时段内热源和室外环境的平均温度(K);Q 为该时段内热源的总供热量(J)。

$$\Delta E_{\text{sup}} = \int \Delta e(\tau) \mathrm{d}\tau = (T_s - T_o) \times Q \qquad (4.8)$$

而末端在实际供暖过程中损耗的累积㶲耗散(ΔE_{dis})为间歇供暖过程中内部传热过程的㶲耗散之和,由于各个末端的传热与蓄热情况不一致,需要对其进行单独分析讨论。

供暖末端传热过程较为复杂,单个过程的㶲耗散往往无法全面体现物体间的传热特征。在上述理论基础上对供暖末端间歇运行特性进行分析,需要按照供暖末端的重点传热过程将累积㶲耗散拆分为"热源—末端"与"末端—室内"两个环节,如图 4.4 所示,其中 T_s、T_f 和 T_i 分别表示间歇供暖阶段内热源、末端与室内环境的平均温度(K);$\Delta E_{\text{s-f}}$ 和 $\Delta E_{\text{f-i}}$ 分别表示"热源—末端累积㶲耗散",与"末端—室内累积㶲耗散",两者之和为末端在实际供暖过程中损耗的累积㶲耗散 ΔE_{dis},即公式(4.9)。

$$\Delta E_{\text{dis}} = \Delta E_{\text{s-f}} + \Delta E_{\text{f-i}} \qquad (4.9)$$

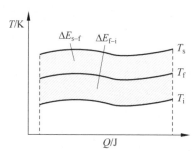

图 4.4 "热源—末端—室内"传热过程的累积㶲耗散

基于上述累积㶲耗散分析模型,本章将结合不同供暖末端实际的传热特征,对不同供暖末端的间歇供暖特性展开进一步深入挖掘与分析。

4.1.3 研究对象、相关数据与研究路径

上述㶲分析方法需要不同供暖末端在间歇运行工况下的数据进行

支撑。

研究对象：本章研究对象与第 3 章的实验对象相同，分别代表夏热冬冷地区住宅中常见的供暖方式，包括辐射地板、散热器与对流末端（房间空调器），选择了合适的辐射地板、散热器与风机盘管，整个对比数据来源于安装在同一房间中的三种不同末端，如图 4.5 所示。

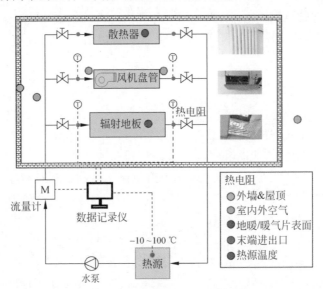

图 4.5　三个具体研究对象

相关数据：如图 4.5 所示，研究所获取的数据包括热源侧的热源温度、热源流量和供给到末端的进出口温度，末端侧的辐射地板表面温度、风机盘管进风与出风温度、散热器表面温度，室内侧的空气温度与围护结构内表面温度和室外温度；温度均由铂电阻测得。为了让不同供暖末端在不同工况下具备一定的可比性，本章选取了上述三种不同供暖末端在供热量为 1000 W（±25 W）的间歇供暖工况作为分析对象。

研究路径：基于上述不同供暖末端的间歇运行的数据，本章首先将不同供暖末端间歇供暖的全过程分为若干个典型工况，分别对其㶲耗散进行对比分析，包括各个典型阶段传热、总㶲耗散和各项传热过程㶲耗散占比的差异；进一步采用 4.1.2 节提出的㶲耗散分析流程，对不同供暖末端在间歇供暖过程中的累积㶲耗散变化进行研究，利用将整体㶲耗散对比与内部传热㶲耗散剖析相结合的方法，对比不同供暖末端间歇供暖性能差异，明确其优化路径。图 4.6 展示了本章的研究路径。

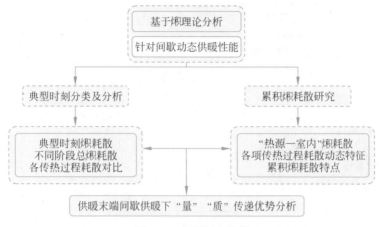

图 4.6 本章研究路径

4.2 不同供暖末端间歇供暖过程中典型阶段㶲耗散分析

4.2.1 辐射地板典型阶段㶲耗散分析

图 4.7 展示了辐射地板供热功率为 1000 W 左右时的间歇运行工况各典型环境温度变化。整个过程对辐射地板从开启运行到稳定运行再到停止供暖的各项参数进行了测试,包括辐射地板供回水温度、地板表面平均温度、室内空气平均温度、围护结构内表面平均温度和室外温度,其中末端开机状态 12 h,停机状态 2 h。

根据各个阶段的变化特征,可将上述间歇供暖过程分为 4 个阶段。

阶段 1:循环水系统与辐射地板蓄热阶段。在运行初期(0~0.75 h),热源加热循环水系统,并开始向室内供热,地板内循环水和地板材料由于蓄热能力较强,二者温度在该阶段存在明显温升。此时,热源提供的大部分热量存储到辐射地板中,仅有小部分热量传递到室内,室内空气温度与围护结构内表面温度缓慢增加,具体温度变化情况见表 4.2 给出的阶段 1 各环节温度特征值,此时热源给予供暖末端的热量大部分用于加热循环水系统与辐射地板,这部分热量由于蓄热作用储存到了循环水系统与辐射地板中,剩余一小部分热量由辐射地板散出,其中大部分散向室内,小部分由于邻室传热作用散向室外。表 4.2 中的平均值为整个阶段的平均温度值。

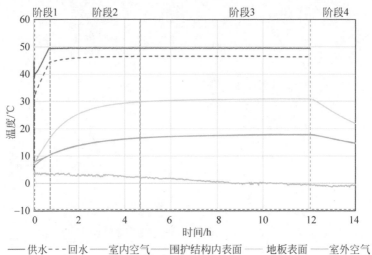

图 4.7　辐射地板间歇运行各典型换热环节温度变化

表 4.2　辐射地板间歇供暖下第 1 阶段各换热环节温度特征值　（℃）

特　征　值	供水温度	回水温度	地板表面温度	室内空气温度	围护结构内表面温度	室外空气温度
最小值	6.7	6.1	7.4	6.7	7.9	3.1
最大值	49.6	44.4	16.9	10.5	10.5	3.9
平均值	44.2	37.5	12.1	8.7	9.7	3.5

　　图 4.8 为第 1 阶段的平均值下的辐射地板 T-q 图，实际地板供暖过程中热源提供给地板的温度在地板内部是近线性变化的，但是在㶲耗散计算中取平均值，因此在 T-q 图中表现为供水温度与回水温度的平均值线。通过对辐射地板间歇供暖过程中第 1 阶段的 7 个传热㶲耗散计算可以看到，整个系统的㶲耗散绝大部分集中在热源向地板传热的过程中，其中辐射地板蓄热㶲耗散为该阶段总㶲耗散主要部分。

　　阶段 2：随着循环水蓄热完成（循环水平均温度达到稳定，约为 47.8 ℃），其储热量不再增加。但是在随后时段内（0.75～4.75 h），地板的平均温度仍然在持续增加，也就是说地板自身的蓄热并没有完成（储热量持续增加），但相对的增加速率有所减缓。整个过程中室内温度与围护结构平均内表面温度有所提升。表 4.3 给出了该阶段的各温度特征值。

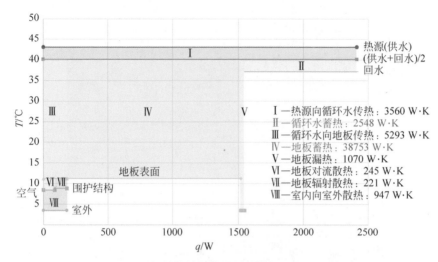

图 4.8　辐射地板间歇供暖下第 1 阶段 T-q 图

表 4.3　辐射地板间歇供暖下第 2 阶段各换热环节温度特征值　（℃）

特　征　值	供水温度	回水温度	地板表面温度	室内空气温度	围护结构内表面温度	室外空气温度
最小值	49.4	44.4	16.9	10.6	10.5	2.0
最大值	49.7	46.6	29.9	16.8	16.6	3.9
平均值	49.5	46.5	26.4	14.7	14.5	2.9

　　图 4.9 展示了在第 2 阶段平均值下的辐射地板传热过程中的 T-q 图。相比于第 1 阶段,由于循环水蓄热过程已经完成,此时 T-q 图中的 II 过程已无法表示;而随着地板温度的升高,地板蓄热㶲耗散所有降低,更多的㶲耗散在"热源—地板—室内"的传热过程中;室内的空气温度与围护结构内表面温度也逐渐升高,其向室外空气的㶲耗散有所增加。

　　阶段 3:该阶段是辐射地板供暖达到稳态后的阶段,其标志为辐射地板表面温度达到稳定,循环水系统与辐射地板本身的蓄热完成,也就是运行时间中的 4.75～12.0 h。此时,辐射地板向室内稳定传热,其热量通过自然对流与辐射换热的方式传递给室内空气与围护结构内表面,从而实现供暖。最终地板表面稳定的温度约为 30.6 ℃。表 4.4 给出了阶段 3 各项温度的特征值。

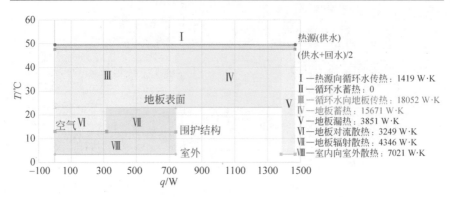

图 4.9　辐射地板间歇供暖下第 2 阶段 $T\text{-}q$ 图

表 4.4　辐射地板间歇供暖下第 3 阶段各换热环节温度特征值　（℃）

特　征　值	供水温度	回水温度	地板表面温度	室内空气温度	围护结构内表面温度	室外空气温度
最小值	49.4	46.3	29.9	16.8	16.6	−0.8
最大值	49.6	46.6	30.9	17.9	17.7	2.4
平均值	49.5	46.5	30.6	17.5	17.4	0.6

图 4.10 展示了在第 3 阶段平均值下的辐射地板传热过程中的 $T\text{-}q$ 图。相比于第 2 阶段，由于地板蓄热过程已经完成，此时 $T\text{-}q$ 图中的 Ⅳ 过程已无法表示，热源提供的热量绝大部分通过地板表面传递给室内的空气与围护结构内表面，进一步散向室外；而随着地板温度达到稳定，室内温度也接近于稳定供热，地板表面向室内空气、围护结构的㶲耗散与室内向室外的㶲耗散也有所增加。

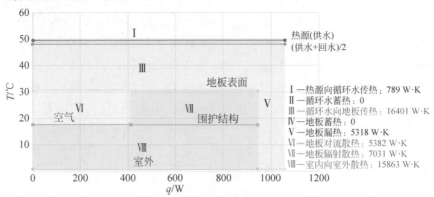

图 4.10　辐射地板间歇供暖下第 3 阶段 $T\text{-}q$ 图

阶段 4：该阶段是辐射地板供暖间歇运行的最后一个阶段，也就是停机后自然冷却的阶段。此时热源不再向辐射地板提供热量，在剩下的时间段（12.0~14.0 h）内，辐射地板与循环水系统中储存的热量将持续通过地板表面的自然对流与辐射换热散向室内，但是由于房间的散热量大于辐射地板的供热量，室内空气温度、围护结构内表面温度会持续降低，但是下降速度缓于辐射地板表面温度的下降速度。表 4.5 给出了阶段 4 各项温度的特征值。

表 4.5　辐射地板间歇供暖下第 4 阶段各换热环节温度特征值　（℃）

特征值	供水温度	回水温度	地板表面温度	室内空气温度	围护结构内表面温度	室外空气温度
最小值	—	—	22.0	14.8	14.6	−1.4
最大值	—	—	30.9	17.9	17.7	−0.4
平均值	—	—	26.5	16.4	16.3	−0.9

最后，阶段 4 在平均温度工况下的 $T\text{-}q$ 图如图 4.11 所示。此时由于热源停止供给热量，因此 I～IV 过程的㶲耗散都无法表示，而辐射地板与蓄热系统中的热量逐渐散出，换言之这部分㶲耗散也就等于阶段 1 与阶段 2 中热源向循环水系统与辐射地板蓄热所产生的㶲耗散，存在一定的迟滞性。

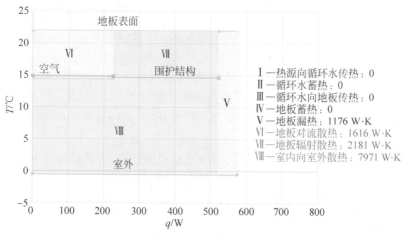

I —热源向循环水传热：0
II —循环水蓄热：0
III —循环水向地板传热：0
IV —地板蓄热：0
V —地板漏热：1176 W·K
VI —地板对流散热：1616 W·K
VII —地板辐射散热：2181 W·K
VIII —室内向室外散热：7971 W·K

图 4.11　辐射地板间歇供暖下第 4 阶段 $T\text{-}q$ 图

对阶段 1～阶段 4 进行分析，首先在能量流动过程方面，可以将辐射地板间歇运行的能量流动途径归纳于图 4.12。在辐射地板开启供暖时（阶段 1），热源的热量首先加热循环水,进一步加热辐射地板,其中一部分热量储存于循环水中,一部分热量储存于辐射地板中;当循环水全部被热源加热后(阶段2),辐射地板被继续加热,此时已有一部分热量开始传递至室内形成供暖;进一步当辐射地板被加热到一定温度后(阶段3),辐射地板的蓄热完成,此时热源给出的绝大部分热量进入室内;最后当停止供暖时(阶段4),辐射地板与循环水中储存的热量逐渐释放到室内。

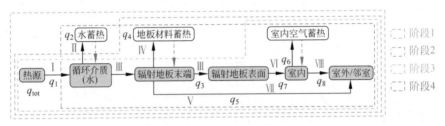

图 4.12　辐射地板四个阶段能量流动差异

在此基础上按照"热源—末端—室内"㶲分析的思路对上述四个阶段的㶲耗散进行对比,若不考虑"室内—室外"的㶲耗散,仅分析与末端相关的换热环节㶲耗散,则图 4.13 展示了四个阶段各个换热过程的㶲耗散变化情况。首先整体来看,随着辐射地板的启动,整个系统的㶲耗散在逐步降低,但是各个换热过程中的㶲耗散组成比例有所变化:在阶段1中,循环水蓄热与地板蓄热的㶲耗散占比高达 79.9%,其中很少部分的㶲耗散到了室内;随着循环水蓄热完成,辐射地板在阶段2中持续蓄热,但是其㶲耗散在降低,通过循环水耗散至辐射地板并进入室内的㶲耗散占比达到了55.1%;当辐射地板进入稳态供热时,辐射地板向室内的热量传递㶲耗散占比达到 35.5%,但辐射地板内部传热的㶲耗散却达到了 47.0%。

整体来看,通过对辐射地板典型阶段㶲耗散的分析,可以得到以下几个关键性结论:

(1)辐射地板的启动时间长,室内热响应速度慢,启动阶段大量热量品位损耗在地板蓄热中,一部分热量品位损耗在循环水的蓄热中。

(2)随着辐射地板运行,其"热源—末端—室内"㶲耗散在逐渐降低,启动过程热量品位损耗大。

(3)实际"末端—室内"的热量品位损耗占比小,很大部分热量品位损耗在"热源—末端"的传热过程中。

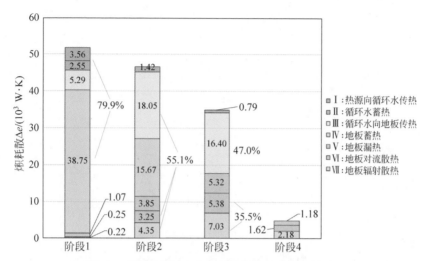

图 4.13　辐射地板四个阶段各换热过程㶲耗散对比

4.2.2　散热器典型阶段㶲耗散分析

在接下来的分析中,以辐射地板的典型时刻㶲耗散分析方法为基础。通过对辐射地板不同阶段的㶲耗散分析,可以认识到对于辐射对流末端而言,其内部的蓄热是影响阶段划分的重要因素。图 4.14 给出了散热器在间歇供暖时各处温度的变化趋势,该工况稳定时刻的供暖功率与辐射地板相近,约为 1000 W。相较于辐射地板,散热器的间歇供暖阶段有了显著的差异,即少了一个阶段。在阶段 1(0～0.8 h)中,热源对散热器循环水系统的水进行加热,由于采用的是常见的铸钢散热器,其与内部循环水的换热温差小,铸钢本身的蓄热相比于体量更大的循环水而言几乎可以忽略,因此散热器表面的温度也随着循环水系统的温度逐步上升。当到达阶段 2(0.8～5.0 h)时,散热器表面温度与循环水温度均达到稳定,散热器实现稳定供暖,此时室内的空气温度与围护结构内表面温度也逐渐升高并达到稳定。最后在 5.0 h 散热器停止供暖,其表面温度下降速度较快,而室内空气温度与围护结构内表面温度缓慢下降。

参考对辐射地板的换热过程分析与归类,图 4.15 展示了散热器在间歇供暖过程中的三个换热阶段,其与辐射地板的差异主要包括以下内容:

(1)不同于辐射地板,散热器本身的蓄热几乎可以忽略,因此没有了末端本身的蓄热,而蓄热主要集中在循环水系统,因此可以将散热器与循环水

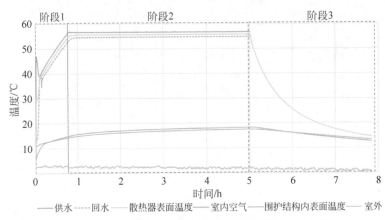

图 4.14　散热器间歇运行时各典型换热环节温度变化

介质当作一个整体分析。

（2）辐射地板内部传热热阻较大，而散热器中循环水至散热器表面的换热介质为一定厚度的铸钢，其热阻较小，散热器表面的温度几乎等于循环水系统的平均温度。

（3）由于散热器安装于室内，不存在邻室传热，所以没有漏热。

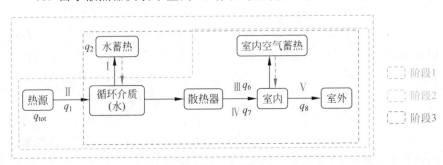

图 4.15　散热器三个换热阶段能量流动

基于散热器在间歇供暖过程的阶段分类和分析，在将散热器与循环水视为一个整体的基础上，可以对三个阶段中位于平均值阶段的㶲耗散进行分析。

阶段 1：该阶段（见图 4.16）类似于辐射地板的阶段 1，热源所提供的㶲耗散有极小部分储存于循环水与散热器中，而其余绝大部分㶲耗散通过散热器表面散向室内。需要说明的是，由于散热器本身的传热特性优于辐射地板，因此在散热器内部耗散的㶲相对较少。

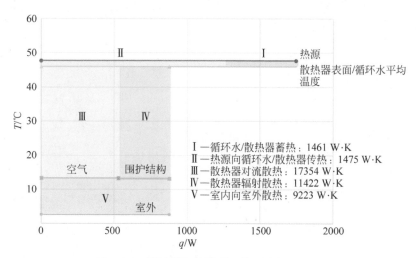

图 4.16　散热器间歇供暖下第 1 阶段 T-q 图

　　阶段 2：随着循环水系统/散热器的蓄热完成（见图 4.17），循环水与散热器蓄热的㶲耗散为零，而散热器与循环水平均温度达到稳定，此时其温度也达到最大值，向室内传热的㶲耗散也最大。

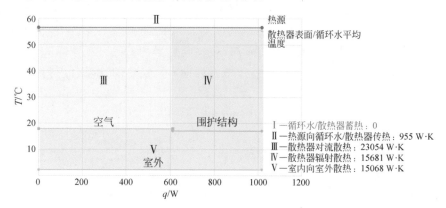

图 4.17　散热器间歇供暖下第 2 阶段 T-q 图

　　阶段 3：当热源停止向散热器供暖时，散热器表面/循环水平均温度迅速下降，其储存的热量逐步通过对流换热与辐射换热的方式向室内散热（见图 4.18），但是由于此时室内的热负荷大于散热器蓄热所提供的热量，因此室内温度也有所降低，散热器/循环水平均温度的下降速率远高于室内空气温度的下降速率。相较于阶段 1 与阶段 2，此时散热器的蓄热向室内传热过程的㶲耗散已经非常低了,主要是因为散热器的表面温度已经下降至30 ℃,而整体的供热量也不足 400 W。

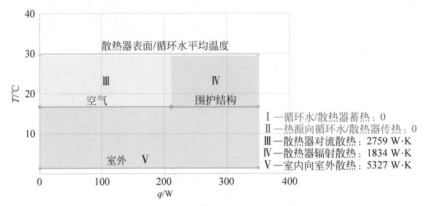

图 4.18　散热器间歇供暖下第 3 阶段 *T*-*q* 图

采用与辐射地板相同的分析方法,若只考虑"热源—末端—室内"的换热环节,散热器三个典型阶段的㶲耗散对比情况如图 4.19 所示。不同于辐射地板,散热器在前期的㶲耗散相对较少,主要由于散热器温度不高,热源温度无须太高,但是在阶段 1 中,散热器向室内的传热㶲耗散占比高达90.7%,也就是说绝大部分的热量品位耗散到了"散热器—室内"的传热过程中;而对于稳定的阶段 2 而言,循环水/散热器的蓄热㶲耗散降为零,此时散热器高达 97.6%的㶲耗散在了散热器向室内换热的过程中。

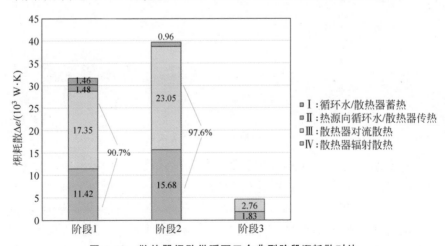

图 4.19　散热器间歇供暖下三个典型阶段㶲耗散对比

整体来看,通过对散热器三个典型阶段㶲耗散的分析,可以得到以下几个关键性结论:

(1)散热器启动时间相对于辐射地板而言更短,室内热响应速度更快,无论在启动阶段还是稳定阶段,散热器供暖的绝大部分㶲耗散均产生在散热器向室内的传热过程中。

(2)随着散热器从运行到停止,其"热源—末端—室内"㶲耗散先增加后减少,其影响因素主要是散热器所达到的最高温度。散热器表面温度越高,供暖过程的㶲耗散越大。

(3)虽然散热器绝大部分㶲耗散在了向室内的传热过程中,其浪费比例较低,但是由于散热器表面温度高,换热温差大,其㶲耗散绝对值的大小仍有待对比讨论。

4.2.3　风机盘管典型阶段㶲耗散分析

4.2.1节与4.2.2节对辐射地板、散热器两种末端在间歇供暖工况下的典型时刻进行了分析。对流末端方面,本研究选取了风机盘管作为研究对象,一方面因为风机盘管能在热源利用方面与辐射地板、散热器保持一致,另一方面风机盘管内部换热模式和实际供暖方式与房间空调器类似。

图 4.20 展示了风机盘管在供热量为 1000 W 左右时间歇供暖各测点温度的变化趋势。在阶段 1 中,热源中的热水通入风机盘管中,风机盘管的出风温度在 0.05 h(3 min)内迅速升高到 25 ℃左右,随着热源温度进一步升高,供回水温度与出风温度在 0.12 h(7 min)左右达到稳定;在阶段 2 中风机盘管实现稳定对流供暖,出风温度在 32~33 ℃,室内温度缓慢升高,在此工况中风机盘管加热室内速度较慢主要是因为供热量较小,与辐射地板、散热器接近稳定时的工况近似;在 5.5 h 时,风机盘管停止供热(阶段 3),但是风机盘管的风机仍然开启,其迅速将风机盘管内储存的热量散至室内,在最后的 5 min 左右出风温度与室温近似。整个过程中回风温度高于室内空气平均温度,主要是由热空气上升导致的。

图 4.21 为风机盘管在实际间歇供暖过程中的能量流动图。当热源中的热水通入风机盘管中,一部分热量加热风机盘管中的循环水与风机盘管中的换热翅片,另一部分热量通过强迫对流换热的方式散至室内;随着风机盘管达到稳定过热,热源输入的热量全部通过对流换热的方式散至室内;当热源停止供热时,风机盘管中储存的热量最终散至室内。该能量流动图与散热器类似,差别在于以下两点:

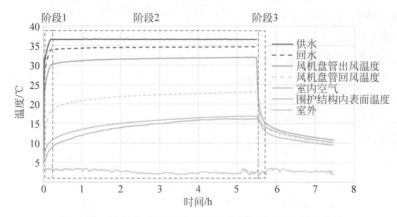

图 4.20　风机盘管间歇运行时各典型换热环节温度变化

（1）风机盘管内部（包括内部循环水系统、换热翅片）等有一定的蓄热，但是相比于散热器和辐射地板则非常小。

（2）风机盘管加热室内的方式主要为对流换热加热，几乎没有辐射换热的方式。

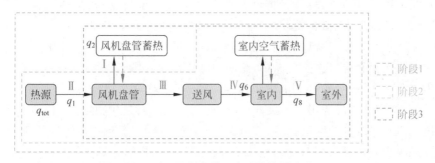

图 4.21　风机盘管三个阶段能量流动

基于上述能量流动过程分析，风机盘管在间歇供暖过程中三个典型阶段的㶲耗散分析如下。

阶段 1：图 4.22 为风机盘管间歇供暖阶段 1 典型时刻的㶲耗散。实际在风机盘管间歇供暖过程中，循环水系统不仅加热了风机盘管内部的循环水，而且还加热了换热翅片等部件，因此本节分析中假设风机盘管内部的平均温度为供回水的平均温度。在阶段 1 中，极少的㶲耗散至风机盘管内部蓄热中，绝大部分热量品位损耗在加热送风与送风和室内空气的掺混过程中。

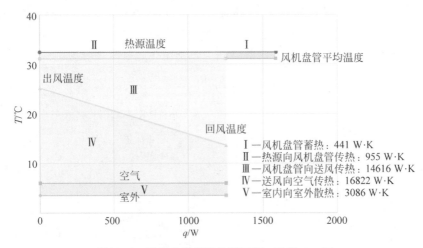

图 4.22　风机盘管间歇供暖下第 1 阶段 T-q 图

阶段 2：在实际间歇供暖过程中，风机盘管在开启后 7 min 内就达到了稳定供暖，其内部蓄热也已完成（见图 4.23）；相比于阶段 1，阶段 2 中风机盘管向送风传热的㶲耗散有所降低，主要因为回风温度显著升高，出风温度也随之升高；送风向空气传热㶲耗散因为室内空气温度有所升高而降低，随之而来的就是室内向室外散热的㶲耗散显著增加。

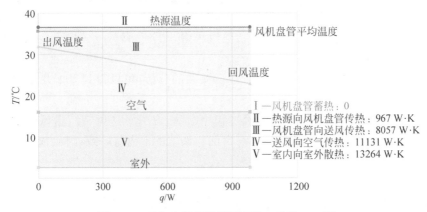

图 4.23　风机盘管间歇供暖下第 2 阶段 T-q 图

阶段 3：随着热源停止向风机盘管供热，风机盘管中储存的热量仍然会向室内持续供给热量约 5 min，直至出风温度接近回风温度（见图 4.24）。选取其中典型时刻进行㶲耗散分析，可以发现相较于阶段 2，风机盘管的平均温度已降了 5 ℃,而系统的供热量降至 400 W。此时风机盘管向送风传热、送风向空气传热的㶲耗散均降低,主要因为其内部储存热量与供热量均降低;室内向室外散热的㶲耗散降低主要是由供热量降低导致的。

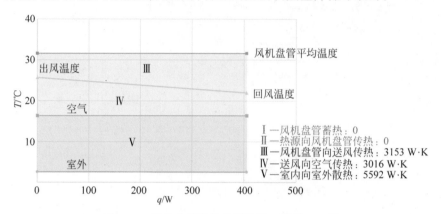

图 4.24　风机盘管间歇供暖下第 3 阶段 *T-q* 图

　　与辐射地板和散热器分析相同,在不考虑室内向室外传热㶲耗散基础上,进一步对风机盘管间歇供暖三个典型时刻的㶲耗散进行横向对比(见图 4.25)。虽然风机盘管间歇供暖的㶲耗散典型阶段与散热器类似,但是实际换热过程中㶲耗散差异较大。首先整体来看,随着风机盘管逐步达到稳定运行,其㶲耗散是在逐渐降低的,其中绝大部分㶲耗散发生在"风机盘管—送风"和"送风—室内"两个传热过程中,在各个阶段上述两个传热过程的㶲耗散占比均高于 90%。

　　通过对风机盘管三个典型阶段㶲耗散的分析,可以得到以下几个关键性结论:

　　(1)由于风机盘管间歇供暖过程中"风机盘管—送风"和"送风—室内空气"两个换热环节的传热特征与房间空调器的室内机一致,因此选择用风机盘管替代房间空调器作为研究对象。

　　(2)风机盘管由于内部蓄热量小,启动较快。但是在启动初始阶段回风温度低,使得送风供热功率大,启动阶段㶲耗散大。

　　(3)风机盘管在供暖过程中存在热空气"下不来"的问题,以至于随着供暖趋于稳定,回风温度升高,在热源温度不变的条件下系统的供热量与传热㶲耗散均有所降低。

　　(4)相比于辐射地板与散热器,风机盘管在达到相同供热功率的工况下所需热源温度低。

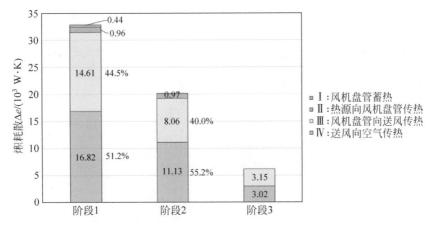

图 4.25　风机盘管间歇供暖下三个典型阶段㶲耗散对比

4.2.4　不同供暖末端典型阶段㶲耗散对比

通过对三种不同供暖末端间歇供暖典型阶段的分析,可以发现其具有一定的相似性(如均包括启动阶段、稳定阶段与停机阶段等),但是由于辐射地板存在两个较大的蓄热体(循环水系统与地板),因此辐射地板在启动与加热时有两个不同的阶段,分别为循环水蓄热阶段与地板蓄热阶段。图 4.26为不同供暖末端在相同供热量(1000 W)时不同典型阶段的㶲耗散对比,由于辐射地板间歇供暖过程中地板蓄热阶段时间更长,因此纳入与散热器、风机盘管启动阶段的对比。在启动供暖时的典型阶段,辐射地板的㶲耗散显著高于散热器与风机盘管(主要由于辐射地板内部蓄热㶲耗散大),而散热器与风机盘管的㶲耗散近似。随着供暖达到稳定,散热器的㶲耗散跃居首位,主要由于其热源温度高、散热器表面温度高,在供暖过程中散热器对热源热量品位的损耗大;其次是辐射地板,虽然地板表面温度仅为 30 ℃,但是地板内部的传热温差也使得辐射地板对热源温度的要求不低;风机盘管供暖的㶲耗散降至 20160 W·K,其换热效率高,对热源温度要求最低。在停机后的冷却阶段,辐射地板与散热器的㶲耗散相近,风机盘管的㶲耗散相对较高。

进一步对上述典型阶段㶲耗散组成部分进行分析。不同供暖末端的传热过程是有差异的,比如辐射地板在间歇供暖时存在地板内部传热㶲耗散,而风机盘管有送风传热㶲耗散,散热器的表面温度与热源温度非常相近,散热器本身内部传热㶲耗散较小,因此如何对其内部不同传热过程的㶲耗散

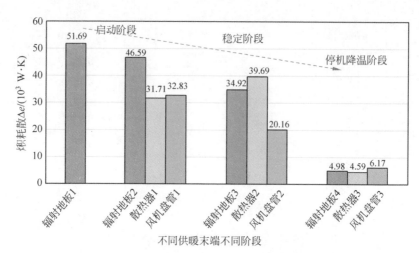

图 4.26　不同供暖末端不同阶段下㶲耗散差异对比

进行对比是分析末端在间歇供暖时优化要点的关键。

在 4.2.1 节中对辐射地板不同典型阶段横向对比的分析中提到,为了仅研究末端在间歇供暖时的性能特征,不考虑室外的影响,仅关注"热源—末端—室内"的换热过程。基于此,在本节中提出将三种不同供暖末端间歇供暖时内部传热过程按照"热源—末端"传热与"末端—室内"传热进行统一划分,划分结果见表 4.6。需要说明的是,风机盘管类似于房间空调器,其通过加热送风实现室内的供热,被加热的送风实质上是一种加热室内的手段,本质上是末端,就像加热的辐射地板与散热器一样,只不过它是风而已;因此将"风机盘管向送风传热"归于"热源—末端"的传热过程中。

表 4.6　两个主要传热过程能量流动划分

分　　类	辐 射 地 板	散 热 器	风 机 盘 管
"热 源—末 端"传热过程	Ⅰ—热源向循环水传热 Ⅱ—循环水蓄热 Ⅲ—循环水向地板传热 Ⅳ—地板蓄热 Ⅴ—地板漏热	Ⅰ—循环水/散热器蓄热 Ⅱ—热源向循环水/散热器传热	Ⅰ—风机盘管蓄热 Ⅱ—热源向风机盘管传热 Ⅲ—风机盘管向送风传热
"末 端—室 内"传热过程	Ⅵ—地板对流散热 Ⅶ—地板辐射散热	Ⅲ—散热器对流散热 Ⅳ—散热器辐射散热	Ⅳ—送风向空气传热

基于上述分类,对不同供暖末端在不同传热过程中的㶲耗散占比进行分析,结果展示于图 4.27 中。

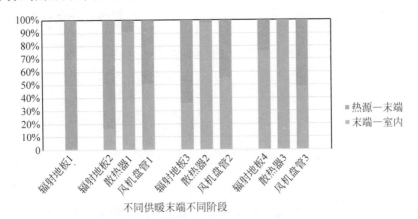

图 4.27　不同供暖末端不同传热过程㶲耗散占比差异

首先分析单一末端:随着在整个辐射地板间歇运行的过程中,"热源—末端"部分的㶲耗散占比是逐渐降低的,随着地板表面温度升高,才开始有㶲耗散至"末端—室内"的传热过程中;散热器在运行过程中整体的㶲耗散几乎都耗散在了"末端—室内"的传热过程中,也就是说在整个供暖过程中热量品位的损耗大部分耗散至室内;而风机盘管在运行过程中两者占比变化不大,也没有显著的高低之分,送风温度是影响这个占比的关键因素,实际上室内利用到的热量品位就是送风与室内空气的温差。

其次横向对比三种不同供暖末端,除了停机阶段,辐射地板"热源—末端"传热部分的耗散是三者最高的,其中绝大部分耗散在了地板内部传热过程中,换言之,辐射地板内部的传热热阻是需要优化的;散热器"末端—室内"㶲耗散的占比是最高的,其绝大部分热量品位是直接在室内降低的,均得到了室内的利用。

通过上述对比可以得到以下结论:

(1)辐射地板启动阶段的㶲耗散大,且辐射地板大部分㶲耗散在了"热源—末端"的传热过程中,其内部传热和蓄热是需要优化的。

(2)散热器的换热模式值得借鉴,因为其绝大部分的㶲耗散在"末端—室内"的换热过程中,得到了室内有效的利用;但是由于散热器换热系数小,需要最高的热源温度实现相同的供热量,所以其在稳定运行时的㶲耗散绝对值是最高的。

（3）风机盘管的㶲耗散组成情况介于辐射地板与散热器之间,优化风机盘管与送风温度的换热能有效提升风机盘管"末端—室内"㶲耗散的比例;同时风机盘管的高换热系数使得其稳定运行时所需热源温度最低,其总㶲耗散最小。

但是上述讨论仅限于不同供暖末端典型时刻的㶲耗散,实际上供暖末端的间歇供暖过程是一个动态的过程,时间对㶲耗散的分析也至关重要。以图4.26为例,风机盘管在停机后冷却阶段的㶲耗散比辐射地板与散热器都高,但事实上风机盘管冷却的时间仅仅只需要5 min左右,时间尺度上远远小于辐射地板与散热器的冷却时间,因此在进一步对供暖末端间歇供暖过程的分析中需要加入时间变量,从累积㶲耗散的角度对其展开动态分析。

4.3　不同供暖末端间歇供暖累积㶲耗散分析

基于4.2节对不同供暖末端典型时刻的理论对比,可以从中发现供暖末端间存在的差异和供暖末端实际供暖过程中各传热环节存在的优化空间。但是仅关注典型阶段难以全面地了解供暖末端在整个间歇供暖过程中的传热表现。因此本节将研究㶲耗散动态变化趋势,从而实现从全过程了解供暖末端在"热源—末端"与"末端—室内"两个关键换热环节的特征;在此基础上通过累积㶲耗散对不同供暖末端间歇供暖全过程展开对比研究。

具体地,对于间歇供暖动态过程中的㶲耗散分析,将采用与4.2节相近的方法,按照"热源—末端"与"末端—室内"两部分换热环节对整个末端间歇供暖过程的㶲耗散展开理论计算,在此基础上结合"热源—室内"传热过程中热源提供的总㶲耗散,对三者进行对比分析;对于累积㶲耗散对比,将结合公式(4.5)～公式(4.9)对不同供暖末端间歇运行过程中的累积㶲耗散展开理论计算。

4.3.1　辐射地板间歇供暖㶲耗散

由于辐射地板在实际间歇运行工况下传热过程复杂,因此本节将着重阐述辐射地板的瞬时㶲耗散计算方法。根据表4.6对辐射地板在间歇过程中各个传热过程的分类,并结合热源所提供的总㶲耗散,计算辐射地板在间歇供暖过程中瞬时㶲耗散的方法见表4.7。

表 4.7　瞬时㶲耗散计算方法

分　类	辐　射　地　板	㶲耗散计算式
"热源—室内"总㶲耗散	"热源—室内"总传热过程	$\Delta e_0(\tau)=[T_{hs}(\tau)-T_o(\tau)]\times q_0(\tau)$
"热源—末端"传热过程	Ⅰ—热源向循环水传热	$\Delta e_1(\tau)=[T_{hs}(\tau)-(T_{sw}(\tau)+T_{rw}(\tau))/2]\times q_1(\tau)$
	Ⅱ—循环水蓄热	$\Delta e_2(\tau)=[T_{hs}(\tau)-(T_{sw}(\tau)+T_{rw}(\tau))/2]\times q_2(\tau)$
	Ⅲ—循环水向地板传热	$\Delta e_3(\tau)=[(T_{sw}(\tau)+T_{rw}(\tau))/2-T_{fs}(\tau)]\times q_3(\tau)$
	Ⅳ—地板蓄热	$\Delta e_4(\tau)=[(T_{sw}(\tau)+T_{rw}(\tau))/2-T_{fs}(\tau)]\times q_4(\tau)$
	Ⅴ—地板漏热	$\Delta e_5(\tau)=[(T_{sw}(\tau)+T_{rw}(\tau))/2-T_{oa}(\tau)]\times q_5(\tau)$
"末端—室内"传热过程	Ⅵ—地板对流散热	$\Delta e_6(\tau)=[T_{fs}(\tau)-T_{ia}(\tau)]\times q_6(\tau)$
	Ⅶ—地板辐射散热	$\Delta e_7(\tau)=[T_{fs}(\tau)-T_{es}(\tau)]\times q_7(\tau)$

其中 $T_{hs}(\tau)$、$T_o(\tau)$ 为热源温度与室内操作温度，$T_{sw}(\tau)$ 与 $T_{rw}(\tau)$ 为辐射地板供、回水温度，$T_{fs}(\tau)$、$T_{oa}(\tau)$、$T_{ia}(\tau)$ 与 $T_{es}(\tau)$ 分别为地板表面平均温度、室外空气温度、室内空气温度与围护结构内表面平均温度，$q_0(\tau)\sim q_7(\tau)$ 分别为各个传热过程的换热功率。

通过对辐射地板在间歇供暖过程中各个阶段㶲耗散的动态计算，图 4.28 展示了辐射地板在运行 14 h 内三个主要传热过程㶲耗散的动态变化。总体来看，在辐射地板间歇运行过程中，热源提供的总㶲耗散与经过辐射地板"热源—室内"过程的㶲耗散整体上均随着供暖进行逐渐降低并趋于稳定，这主要是因为辐射地板在间歇运行过程中存在水系统蓄热与辐射地板蓄热。由于阶段 1 中存在各项传热过程传热量与㶲耗散的动态变化，导致阶段 1 中的整体㶲耗散有下降的趋势。由于循环水系统与地板均有蓄热作用，因此在阶段 1 与阶段 2 中热源提供的㶲耗散实际上大于辐射地板运行过程中的㶲耗散，这部分㶲耗散在了蓄热中，最终通过阶段 4 停机后的散热过程耗散至室内。上述两者之间存在定量关系，即阶段 1 与阶段 2 中热源耗散至室内的总㶲耗散与辐射地板实际的㶲耗散差值累积量等于最终辐射地板停机后的㶲耗散量。

上述结果还反映了辐射地板"热源—末端"与"末端—室内"两种类型㶲耗散的动态变化特征。在开机运行初期，"热源—末端"的㶲耗散占主要部

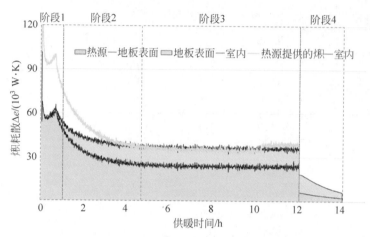

图 4.28　辐射地板间歇运行过程中㶲耗散

分,随着供暖进行,辐射地板表面温度升高,"末端—室内"的㶲耗散有所增加。结合图 4.29,能更加清楚地认识到两个主要传热过程占比的变化。在运行初期阶段"热源—末端"的㶲耗散占比高达 90%;而稳定运行时"热源—末端"的㶲耗散占比降低至 65%,仅有 35% 的㶲耗散在"末端—室内"的传热过程中。停机后,由于热源停止供热,"热源—末端"㶲耗散占比迅速下降,随后循环水与地板内部储存的热量继续缓慢散出,但是在这个过程中,热量会优先从地板表面散至室内,导致"热源—末端"㶲耗散占比缓慢增加。

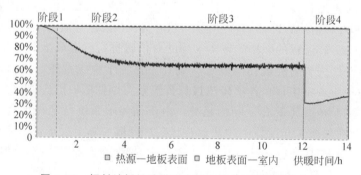

图 4.29　辐射地板间歇供暖中两个传热过程㶲耗散占比

通过对辐射地板间歇运行过程中的㶲耗散进行分析,对其变化过程与占比有了更加清楚的认识。在运行初期"热源—末端"的㶲耗散占比高,且稳定运行时占比仍然超过 60%,只有少部分㶲耗散在了"末端—室内"的传热过程中,实际热量品位利用率低,说明辐射地板存在热惯性大、传热热阻高的问题。

4.3.2　散热器间歇供暖㶲耗散

与辐射地板的间歇供暖㶲耗散分析方法类似,首先将散热器在间歇供暖过程中的三部分㶲耗散进行动态计算,包括"热源—散热器"的㶲耗散,"散热器—室内"的㶲耗散和热源向室内供热过程中的"热源—室内"总㶲耗散,其动态变化如图 4.30 所示。

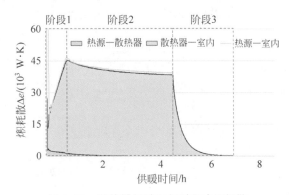

图 4.30　散热器间歇运行过程中㶲耗散

该计算结果与散热器的典型时刻㶲耗散结果一致,即在散热器蓄热和升温过程中,"热源—散热器"与"散热器—室内"两部分㶲耗散总量相比于稳定阶段较少,但是通过对其动态分析可以发现总量在逐步升高;随着散热器达到稳定供暖,室内温度缓慢升高,"散热器—室内"换热过程的㶲耗散在逐步降低,此时"热源—散热器"换热过程中的㶲耗散几乎可以忽略,散热器达到稳定供暖后其表面温度与供回水平均温度近似,此处换热几乎没有㶲耗散。随着热源停止向散热器供暖后,散热器仍然持续向室内供暖,这部分的㶲耗散由升温阶段"热源—室内"整体传热过程中的㶲耗散提供,与辐射地板换热过程类似。

整体来看,散热器在间歇供暖时的㶲耗散组成比例与辐射地板差异巨大。图 4.31 展示了散热器在间歇供暖过程中两个核心换热环节的㶲耗散占比。在阶段 1,"散热器—室内"传热过程的㶲耗散超过 90%;随着散热器的蓄热完成,"散热器—室内"供暖的㶲耗散占总"热源—室内"的㶲耗散超过 97%;随着系统停止供暖,"热源—散热器"换热过程的㶲耗散降为零,此时系统所有的㶲耗散均发生在"散热器—室内"的传热过程中。

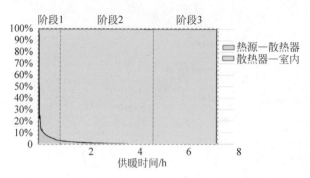

图 4.31   散热器间歇供暖中两个传热过程㶲耗散占比

通过对散热器间歇供暖的㶲耗散分析可以得出以下结论：

（1）散热器间歇供暖的启动阶段㶲耗散低，但稳定供暖过程中的㶲耗散高，在间歇运行模式下其启动优势值得借鉴，但是换热面积小、换热温差大使得其对热量品位需求高。

（2）散热器本身内部传热热阻小，其对热源的利用率高，"热源—散热器"传热过程㶲损耗小。

（3）散热器自身的热惯性较大，在停机后持续的㶲耗散较多。

4.3.3   风机盘管间歇供暖㶲耗散

采用同样的方法，对风机盘管间歇供暖过程中的㶲耗散展开分析。图 4.32 展示了风机盘管㶲耗散变化，相比于辐射地板与散热器，风机盘管没有明显的蓄热与停机后的放热过程，换言之热源所提供的㶲几乎等于"热源—风机盘管"与"风机盘管—室内"两个换热过程㶲耗散之和，主要是因为风机盘管内部循环水与换热翅片的蓄热较小。整体来看，风机盘管两个主要传热过程的㶲耗散低于 30×10^3 W•K，其中峰值出现在风机盘管稳定供热后，主要受回风温度与供水温度动态变化导致，当风机盘管内部温度达到稳定，而回风温度还偏低，此时总㶲耗散最大。随着室内温度升高，回风温度升高，风机盘管的㶲耗散有所下降。

图 4.33 展示了风机盘管间歇供暖过程中各传热过程㶲耗散占比，可以发现由于风机盘管升温与最后降温阶段时间短，在整个间歇供暖过程中，"热源—风机盘管"的㶲耗散占比约 42%，而"风机盘管—室内"传热过程㶲耗散占比约 58%。

通过对风机盘管间歇供暖㶲耗散分析，可以得到以下结论：

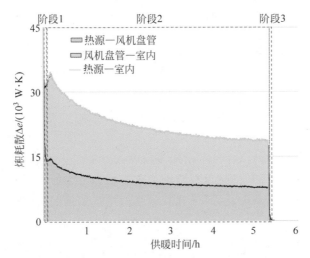

图 4.32　风机盘管间歇运行过程中㶲耗散

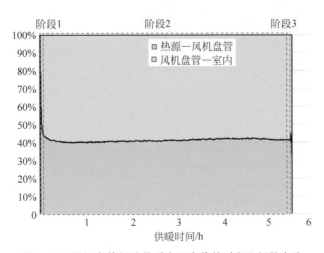

图 4.33　风机盘管间歇供暖中两个传热过程㶲耗散占比

（1）风机盘管阶段 1 与阶段 3 的持续时间很短，其㶲耗散绝对值与占比的参考价值不高，在研究其㶲耗散特征时应着重关注稳定供暖阶段。

（2）风机盘管在实际供暖过程中"风机盘管—室内"的传热㶲耗散占比超过 55%，但是这部分没有考虑风机盘管换热盘管与送回风的温差，本研究将这部分传热㶲耗散归于"热源—末端"的传热过程中。因此进一步优化风机盘管内部传热效率是提升风机盘管供热能力的有效途径。

4.3.4　不同供暖末端累积㶲耗散对比

通过对三种不同供暖末端间歇供暖过程的㶲分析,可以清楚地认识到间歇供暖过程中的传热特征变化和能量利用情况,其变化特征不同会导致在持续运行过程中累积㶲耗散的总量不同。以散热器与风机盘管为例,随着供暖的进行,散热器的总㶲耗散先增加后降低,而风机盘管的总㶲耗散持续降低,不同时刻其㶲耗散的大小关系不同。因此如何将时间的概念融入㶲耗散的评价,换言之,在某个时间段内对㶲耗散累积总量的大小进行对比分析,是评价供暖末端间歇供暖特性的重要指标。因此本节基于4.1节提出的累积㶲耗散计算方法,对上述三种不同供暖末端的累积㶲耗散进行理论对比。

以辐射地板为例,根据公式(4.5)~公式(4.9),可以对辐射地板各个阶段累积㶲耗散进行计算,具体各个阶段的累积㶲耗散见表4.8。

表 4.8　累积㶲耗散计算方法

分　类	辐 射 地 板	累积㶲耗散计算式
"热源—末端"传热过程	Ⅰ—热源向循环水传热	$\Delta E_1 = \int [T_{hs}(\tau) - (T_{sw}(\tau) + T_{rw}(\tau))/2] \times q_1(\tau)\mathrm{d}\tau$
	Ⅱ—循环水蓄热	$\Delta E_2 = \int [T_{hs}(\tau) - (T_{sw}(\tau) + T_{rw}(\tau))/2] \times q_2(\tau)\mathrm{d}\tau$
	Ⅲ—循环水向地板传热	$\Delta E_3 = \int [(T_{sw}(\tau) + T_{rw}(\tau))/2 - T_{fs}(\tau)] \times q_3(\tau)\mathrm{d}\tau$
	Ⅳ—地板蓄热	$\Delta E_4 = \int [(T_{sw}(\tau) + T_{rw}(\tau))/2 - T_{fs}(\tau)] \times q_4(\tau)\mathrm{d}\tau$
	Ⅴ—地板漏热	$\Delta E_5 = \int [(T_{sw}(\tau) + T_{rw}(\tau))/2 - T_{oa}(\tau)] \times q_5(\tau)\mathrm{d}\tau$
"末端—室内"传热过程	Ⅵ—地板对流散热	$\Delta E_6 = \int [T_{fs}(\tau) - T_{ia}(\tau)] \times q_6(\tau)\mathrm{d}\tau$
	Ⅶ—地板辐射散热	$\Delta E_7 = \int [T_{fs}(\tau) - T_{es}(\tau)] \times q_7(\tau)\mathrm{d}\tau$

进一步地,辐射地板在间歇运行过程中实际累积㶲耗散为上述七个传热过程之和,其中传热过程Ⅰ~过程Ⅴ为"热源—末端"传热,而过程Ⅵ~过

程Ⅶ为"末端—室内"的传热,总累积㶲耗散计算如公式(4.10):

$$\Delta E_{dis} = \Delta E_{s-f} + \Delta E_{f-i} = \sum_{n=1}^{7} \Delta E_n \tag{4.10}$$

散热器与风机盘管的理论计算式与辐射地板的类似。

　　为了进一步分析间歇运行过程中的累积㶲耗散情况,本研究以 1 h 为计算步长,对比了在运行时间前 5 h 内各个供暖末端的累积㶲耗散情况,㶲耗散换算方式为:1 kW·h·K=3.6×10^6 J·K。图 4.34 对比了三种不同供暖末端在开启供暖到稳定运行 1~5 h 内的累积㶲耗散。在 1 h 内,辐射地板的累积㶲耗散达到了 71 kW·h·K,约为散热器与风机盘管的 33 kW·h·K 与 29 kW·h·K 的两倍;在随后的 4 h 内,辐射地板的累积㶲耗散增长速率先降低,随后达到稳定,其从启动到运行 5 h 后的累积㶲耗散为 241 kW·h·K。不同于辐射地板,散热器的累积㶲耗散的增长速率逐步增加,其连续运行 5 h 的累积㶲耗散仅小于辐射地板 44 kW·h·K,与开始运行初期两者的差值近似,换言之散热器在 1~5 h 内的累积㶲耗散增量是近似于辐射地板的,但是散热器的初始值低,因此其累积㶲耗散的增量大于辐射地板。由于风机盘管达到稳定运行的时间短,随着回风温度升高,其㶲耗散有所降低,因此其累积㶲耗散的增长速率是逐步降低的。

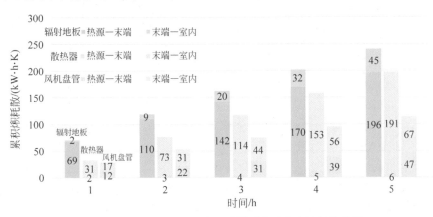

图 4.34　间歇运行过程中三种供暖末端累积㶲耗散差异

　　随着供暖过程从启动到稳定,不同供暖末端的㶲耗散特征变化有所不同。图 4.35 给出了三种供暖末端在开启运行后 5 h 内累积㶲耗散中各传热过程耗散占比变化趋势。对辐射地板而言,在启动初期 1 h 内,"热源—末端—室内"两个传热过程中约 97.6% 的㶲耗散在了"热源—末端"传热过程中,随着循环水与地板蓄热的完成,该部分㶲耗散占比逐渐减少,在 5 h 内地板累积的㶲耗散仅有 18.6% 耗散在"末端—室内"传热过程中;散热器在间歇供暖过程中绝大部分㶲耗散在了"散热器—室内"过程中,随着供暖的持续进行,这部分㶲耗散占比从 94.5% 增长到了 97.0%;风机盘管在实际供暖过程中累积㶲耗散占比则变化不大。

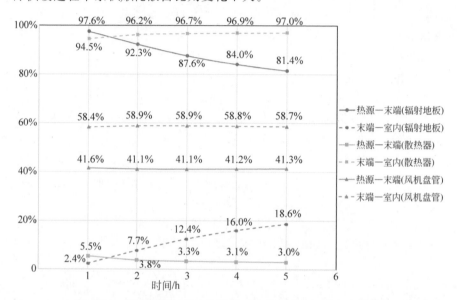

图 4.35　间歇运行过程中三种供暖末端累积㶲耗散占比差异

通过对累积㶲耗散的分析,可以得到以下结论:

(1) 辐射地板在间歇供暖过程中的累积㶲耗散最大,其次是散热器,最后是风机盘管。单纯就辐射对流末端而言,长时间供暖条件下辐射地板优势更大,而短期供暖时散热器的优势更大。

(2) 从累积㶲耗散占比的变化特征可以得到,其变化越快趋于稳定,其间歇性越强。在实际间歇供暖过程中,不同供暖末端的间歇性强弱依次为:风机盘管>散热器>辐射地板。

4.4　本章小结

供暖末端在实际供暖过程中的核心作用就是将热源热量传递至室内,因此从理论上探究该传热过程特征是分析供暖末端间歇运行动态变化特征的基础。本章基于辐射地板、散热器与风机盘管的实验结果,对其实际间歇供暖过程中各个环节传热过程的"量""质"变化趋势展开了理论研究,采用了㶲分析理论对供暖末端的间歇供暖性能展开了理论分析。在已有的稳态㶲分析基础上,本章建立了基于㶲理论的供暖末端间歇供暖性能分析方法,提出将不同供暖末端的间歇供暖过程分为若干个典型阶段,以末端为核心着重关注"热源—末端—室内"传热过程;同时建立"热源—末端—室内"的㶲耗散分析方法,研究不同末端在间歇供暖工况下㶲耗散的动态变化特征,并结合本章所提出的累积㶲耗散概念,对比了不同供暖末端在不同运行时间段内供暖效果的差异。

通过本章的研究,可以得到以下结论:

(1)降低系统蓄热是提升末端间歇性的关键。辐射地板循环水系统与地板蓄热较大(尤其是地板蓄热),因此辐射地板的间歇供暖性能差;散热器也有循环水系统蓄热,但是相对地板蓄热较少,另外散热器自身蓄热几乎可以忽略,因此散热器的间歇性能优于辐射地板;风机盘管的蓄热几乎没有,其热响应速度远高于辐射地板与散热器。间歇性能越差,越多的热量品位便会在供暖初期耗散在蓄热过程中,使得当系统不需要供暖时末端仍然会持续输出热量。

(2)系统内部的传热热阻是影响末端对热量品位利用的关键。严格意义上来讲,散热器作为辐射对流末端,其内部铸钢的热阻几乎可以忽略,因此散热器几乎能利用全部从热源向室内提供的热量品位;风机盘管较差,其内部换热盘管与送风温差是影响热量品位利用效率的重要因素;辐射地板最差,其间歇运行供暖过程中绝大部分热量品位损耗在了地板内部的传热过程中。

(3)本章的分析思路为评价末端的间歇供暖性能提供了一个新的可行的途径。从典型时刻的传热特性与㶲耗散特征入手,建立"热源—末端—室内"的㶲耗散分析过程,通过对比供暖末端间歇供暖过程中的㶲耗散动态特征,并结合间歇运行下累积㶲耗散,能反映末端对热源的利用和其自身供暖性等综合供暖能力。

第5章 一种基于平板热管的新型辐射末端

通过对夏热冬冷地区现有供暖末端的实测与理论分析,发现现有的辐射、对流供暖末端均存在高间歇性与高舒适性难以同时满足的问题。辐射地板、散热器具备舒适性高的优势,但是其自身热惯性大导致蓄热高、热源品位利用率低,换热系数小使得供暖功率低,综合来看间歇性低;对流供暖末端(如风机盘管、房间空调器)具有供暖功率大,调节性强的优势,但是利用对流供暖末端的基本供暖方式加热室内会造成严重的温度分布不均进而使得头足温差过大引起热不舒适,另外高温热风的吹风感同样会引起热不舒适。因此研发具备高间歇性的新型辐射供暖末端,是解决夏热冬冷地区间歇性供暖问题的关键。

根据1.2.4节与1.2.5节的讨论,热管作为近年来逐步应用到供暖空调领域的高效传热技术,其效果已在太阳能集热、空调箱传热优化等应用领域得到验证,并具备一定的优势。也有部分学者将热管应用到供暖末端中,强化了供暖末端表面温度分布均匀性,但是存在应用难度高、风险大、辐射换热不足等劣势。因此本研究创新地提出了一种基于平板热管的新型辐射供暖末端,该末端利用平板热管高效传热与平面辐射换热,可有效实现快速辐射供暖。

本章将对平板热管用于辐射供暖的可行性展开探讨,首先介绍该末端的基本工作原理与构造形式,然后对其供暖特性进行实验研究。在此基础上探讨其同时用于辐射供冷的可行性与效果,进一步完善新型辐射供暖末端冬夏兼顾的优势。最后探讨提升其换热系数与换热能力的方法与效果。

5.1 基于平板热管的辐射末端构造设想

5.1.1 基本构造与原理

平板热管又名“微槽道热管”或“微通道热管”,其整体具有薄平板特征,内部包含微通道。图5.1展示了平板热管内部构造(尺寸为855 mm×

98 mm×5 mm），外表看来它就是一块长条形的薄铝片，但是内部由隔断将
内部空间分隔成若干个微通道，每个微通道内壁具有一定的粗糙度。其制
造流程为"制板—填充—抽真空—充注—密封"，先在铝基板上布置微槽道
填充物，在初步成形后进行抽真空，并充注相应的工质，最后进行整体密封。
平板热管内部工质是其良好换热的保障，使得平板热管在实际换热过程中
底部作为蒸发段，顶部作为冷凝段，实现整个平板均可与外界环境换热。

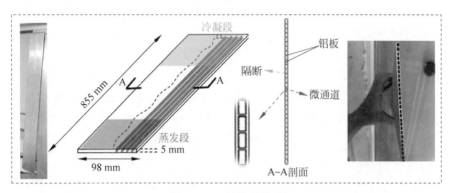

图 5.1　平板热管构造

本研究所用平板热管是与清华大学能源动力工程系相关课题组合作研
制而成的，其内部充注 20％的工质，工质为某航天热管用工质。平板热管
内部工质的工作原理如图 5.2 所示。当热管底部受外界高温加热，其内部
的液态工质吸热沸腾汽化，汽化后的工质上升进入平板热管的中间段与冷
凝段，并在其中冷凝液化，最终回流，以此形成一个换热的闭合回路。该换
热方式具有热响应快，换热系数高的特点，因此整个平板热管表面温度较为
均匀。

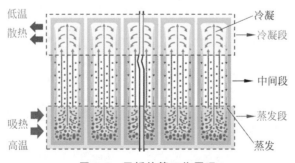

图 5.2　平板热管工作原理

5.1.2 冬夏兼顾的辐射供冷供暖思路

对于夏热冬冷地区现有的供暖末端而言,辐射对流末端虽然能提供良好的舒适性,但是辐射地板、散热器无法在夏天进行辐射供冷,这导致供暖空调整体解决方案的初投资更大、占用空间更高、居民使用更加不便。但是考虑平板热管蒸发段与冷凝段一体的构造形式,并基于平板热管内部非共沸工质设计和垂直结构的换热模式,可以设计出如图 5.3 所示的冬夏兼顾的辐射供冷供暖新思路与解决方案。对于冬季供暖工况,当热源与平板热管底部接触换热时,平板热管内部工质受热蒸发,并加热整个平板热管,此时平板热管的平面作为辐射面可向室内供暖;而在夏季供冷工况中,冷源可以与平板热管的顶部接触,平板热管顶部的工质冷凝放热,低温工质回流将整个平板热管表面温度降低,实现平面辐射供冷。这样冬夏兼顾的供冷供暖思路能有效解决设备初投资高、占地面积大等问题。

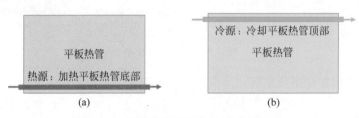

图 5.3 平板热管用于供暖、供冷的思路

(a) 供暖;(b) 供冷

5.1.3 可行性验证实验方案

为了验证平板热管作为间歇性高效辐射供暖末端、兼顾夏季辐射供冷的可行性,本研究设计并搭建了如图 5.4、图 5.5 所示的实验系统。实验系统位于清华大学旧土木馆实验室内,在实验过程中室内温度稳定在 18～20 ℃,整个末端系统由平板热管与换热翅片组成,平板热管末端包含了图 5.1 所示的 10 根平板热管,其表面共布置了 18 个校准标定过的热电偶,用于测试其表面温度分布;平板热管背面共贴合了 4 根换热翅片(图 5.5(b)),其中顶部两根,底部两根,每根换热翅片与平板热管直接通过导热硅脂紧密贴合。

本实验探究使用的冷热源由图 5.5(c)中的恒温冷热水箱提供,其制取的冷热水通过水泵送入换热翅片中,进一步通过导热硅脂将冷量、热量分别

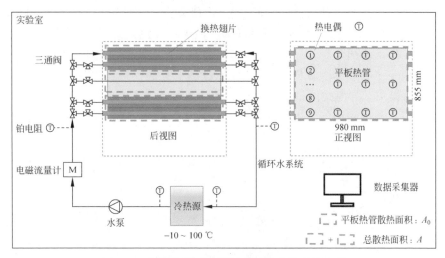

图 5.4 平板热管用于供暖空调的实验验证方案

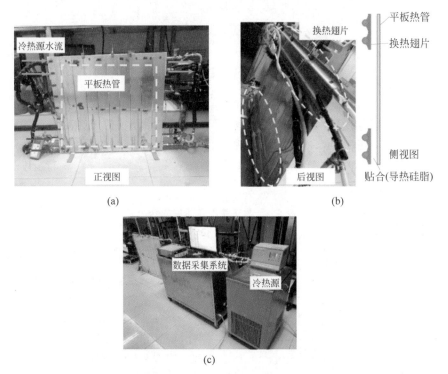

图 5.5 实验具体相关实物图

(a) 平板热管；(b) 背部换热器；(c) 冷热源

传递至平板热管顶部表面、底部表面。本研究中总共设置了 4 根换热翅片，以研究不同冷热换热模式下平板热管的供暖供冷性能，不同的换热模式如图 5.6 所示。图 5.6(a)～(c)展示了 3 种不同热源流动模式下的供暖方式，其中模式 1 为基本供暖模式，热源仅流过最下方的换热器加热平板热管底部；而模式 2 与模式 3 是强化换热后的热源流动方式；供冷工况下的 3 种流动模式与供暖相似。不同的供暖、供冷模式调节方式由实验循环管路中的三通阀进行控制。

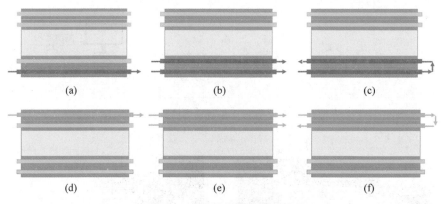

图 5.6　3 种冷热源流动模式
(a) 供暖模式 1；(b) 供暖模式 2；(c) 供暖模式 3；(d) 供冷模式 1；(e) 供冷模式 2；(f) 供冷模式 3

表 5.1 给出了本研究设置的几种不同的研究工况。影响供暖供冷的因素包括：冷热源温度、冷热源流量和图 5.6 所示的不同换热模式，而需要研究的内容包括平板热管在间歇供暖、供冷工况下的热响应速度、表面温度分布和换热功率。

表 5.1　具体工况与研究内容

工　况	变　量	数　值	研 究 内 容
供暖	热源温度	40～60 ℃	1. 升温时间(t_s,s)
	流量	60～120 L/h	2. 达到稳定时间(t_a,s)
	换热模式	模式 1～3	3. 平板热管表面温度(T_0,℃)
供冷	冷源温度	3～9 ℃	4. 垂直温度分布
	流量	60～120 L/h	5. 水平温度分布
	换热模式	模式 1～3	6. 换热功率(Q_0,W)
			7. 平均换热系数(h,W/($m^2 \cdot$ K))

　　为了评价平板热管末端的间歇性,采用了达到稳定时间 t_a 与升温时间 t_s 两个时间参数。其中达到稳定时间 t_a 为平板热管从初始温度到达稳定温度所耗费的时间;而升温时间 t_s 定义为平板热管表面平均温度变化量为总温度变化量的 63% 时所耗费的时间,其定义参考了 Raychaudhuri[222] 所提出的用 63% 衡量热响应速度,实际上 63% 约等于 $1-1/e$,其中 e 为欧拉常数,具备一定的数学意义。综合来看,本研究将结合 t_a 与 t_s 共同评价平板热管的热响应速度。而垂直、水平温度分布将根据布置在平板热管表面上的热电偶的测试结果进行分析。除此之外,将结合红外成像仪对平板热管的辐射供暖、供冷性能进行更为直观的研究,包括表面温度分布云图与具体温度分布数值特征。

　　为了对平板热管实际换热量、表面温度分布与热响应速度进行测试,本实验采用了高精度铂电阻与流量计对换热量进行测量,使用高精度热电偶与红外成像仪对平板热管表面温度进行研究,所有仪器设备在测试前均进行了精度测试与校核,具体信息与参数如表 5.2 所示。

表 5.2 仪器型号与参数

设　　备	用　　途	不 确 定 度	照　　片
热电偶	测量平板热管表面温度	0.1 ℃	
铂电阻	测量循环水水温	0.1 ℃	
电磁流量计	测量循环水流量	1.0 L/h	
红外成像仪	测量平板热管表面温度分布	—	

在实验过程中,循环水的总流量由电磁流量计测量得到,温度通过铠装铂电阻进行测量。通过测试得到供入末端的冷热源流量、供回水温差并计算出系统供入末端的热量,如公式(5.1)所示。

$$Q = \rho \times G \times \Delta T \times c / 3600 \qquad (5.1)$$

式中,Q——单位时间内冷热源向末端供入的总冷热量,在稳定供暖供冷状态下该值等于末端实际的供暖供冷功率,W;

　　　G——电磁流量计测量得到的循环水流量,L/h;

　　　ρ——循环水密度,取值为 1 kg/L;

　　　c——循环水热容,取值为 4200 J/(kg·K);

　　　ΔT——供回水温差,K。

末端在实际供暖、供冷时的散热面积 A 包含两部分,分别是通过换热翅片表面与平板热管表面 A_0 与室内换热,两者均为铝制表面,与环境的换热方式相似,所以采用权重法进一步计算平板热管与环境的实际换热量,所以在稳定工况下,平板热管的散热量为

$$Q_0 = \frac{A_0}{A} \times Q \qquad (5.2)$$

式中,A_0——平板热管的散热面积,1.31 m²;

　　　A——末端系统的总散热面积,1.65 m²。

以供暖工况为例,基于平板热管的散热量和平板热管的表面温度分布,可以通过公式(5.3)计算平板热管平均换热系数:

$$h = Q_0 / [A_0 \times (T_0 - T_a)] \qquad (5.3)$$

式中,h——热管表面平均换热系数,W/(m²·K);

　　　T_0——热管表面平均温度,℃;

　　　T_a——环境操作温度,℃。

5.2　供暖性能实验研究

5.2.1　基础供暖工况

图 5.7 为平板热管典型供暖工况下的表面垂直温度变化趋势,此时热源温度(供水温度)为 50 ℃,流量为 100 L/h,热源供入翅片的流动模式为模式 1。当热源流入换热翅片后,被加热的翅片将热量通过导热硅脂传递至平板热管底部,因此底部的温度受热传导作用迅速升高(T_1),进一步热

管其余部分受热管原理的作用,温度缓慢升高,其升高速率逐步变缓,通过对整个供暖工况进行分析可以得到此时平板热管的启动时间 t_s 为 370 s 左右,而达到稳定时间 t_a 则需要约 1310 s。在稳定供暖状态下,除了底部测点温度较高(比其余 8 个测点平均高约 9.6 ℃),测点 $T_{2\sim9}$ 的平均温度达到了 37.1 ℃,其垂直温差仅为 1.3 ℃/m,具备较高的垂直温度分布均匀性。

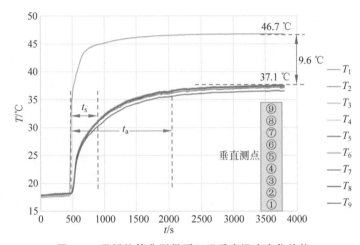

图 5.7　平板热管典型供暖工况垂直温度变化趋势

图 5.8 为典型工况下达到稳定后的表面温度分布,本研究从左到右依次在 5 根平板热管上分别布置了底部、中部与顶部热电偶测点,通过变化趋势可以发现,随着高温循环水流经底部换热翅片,其温度会随着散热量加大而降低,因此平板热管底部的温度随之降低。而整体来看,除了底部温度显著较高以外,热管其余部分的表面温度分布均匀,温度范围集中在 35.4~38.1 ℃,呈现中间段较高,左右侧较低的趋势(如图 5.8 右侧的温度分布示意图所示),主要是由于左右侧与环境换热更强。

5.2.2　不同工况下的供暖性能对比

进一步对不同工况下的平板热管供暖性能展开研究,其供暖性能差异如图 5.9 所示。当热源温度从 40 ℃升高至 60 ℃时,平板热管表面平均温度从 31.0 ℃升高至 43.4 ℃,但是其热源与表面平均温度的换热温差也从最初的 9 ℃升高至 16.6 ℃,意味着供暖温度越高,"热源—末端"传热过程中的热源品位损失越大。与此同时,启动时间随着热源温度升高而降低,在 60 ℃工况下启动时间仅需 265 s,然而稳定时间随着热源温度升高呈现出先增加后降低

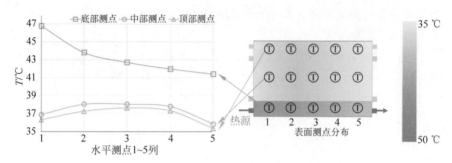

图 5.8　稳定供暖状态下表面温度分布

的趋势,影响稳定时间的因素主要有以下两点:①热源温度;②稳定温度与环境温度之差。热源温度越高,虽然升温速度有所增加,但是升温量也随之增加,因此热源温度与环境温度的匹配对稳定时间的优化比较重要。

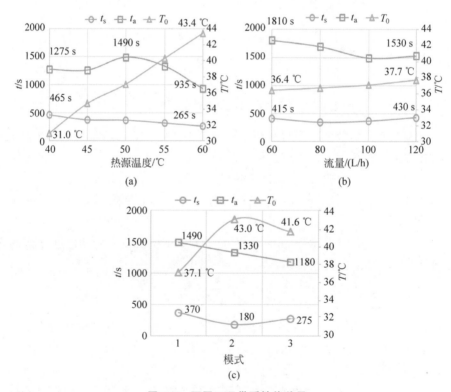

图 5.9　不同工况供暖性能差异

(a) 不同热源温度;(b) 不同流量;(c) 不同模式

　　而改变热源流量对平板热管的供暖性能影响不大,热源流量越大,其在换热翅片中换热过程的温降越低,因此平板热管表面温度分布也相对更加均匀。换热模式方面,相比于模式 1,模式 2 与模式 3 中翅片与平板热管的接触面积更大,换热量更大,因此升温时间与稳定时间也相对更低,热响应速度更快,同时表面平均温度也比模式 1 高了 4.5~5.9 ℃。

　　通过对不同工况下的供暖特性进行对比分析,热源温度对平板热管的供暖特性影响最大。表 5.3 总结了平板热管末端在不同热源温度下的基本供暖特征。随着热源温度升高,供热量从 73.6 W/m² 增加到了 174.3 W/m²,换热系数在整个换热过程中差别不大,约为 5.6~5.9 W/(m²·K)。

表 5.3　平板热管在不同热源温度下供暖特征

热源温度/℃	40	45	50	55	60
表面温度 T_0/℃	31.0	34.7	37.1	40.3	43.4
环境温度 T_a/℃	19.8	20.1	19.6	19.7	20.0
供热量/(W/m²)	73.6	93.0	112.3	145.5	174.3
换热系数 h/[W/(m²·K)]	5.9	5.6	5.6	5.7	5.8

5.3　供冷性能实验研究

5.3.1　基础供冷工况

　　基础供冷工况为冷源温度 5 ℃,循环水流量 80 L/h,循环水供冷模式为模式 1。不同于供暖工况,供冷时冷水通过顶部的换热翅片并使其降温,进一步通过导热硅脂带走平板热管顶部的热量(T_9)。图 5.10 展示了整个供冷过程的降温时间,当冷源通入平板热管时,其整个表面温度迅速降低,其中顶部温度下降最为迅速,但是各点的降温趋势一致,均呈现出速度逐渐减缓的规律。整个降温过程的启动时间约为 320 s,该过程中平板热管平均温度从 18.4 ℃降低至 13.5 ℃;而达到稳定的 10.6 ℃时约耗费时间 925 s。尽管热管顶部存在与低温换热翅片的导热,但是该点温度与热管其他通过热管效应降温的部分温度仅差了约 1 ℃,稳定时整个平板热管的垂直温差约为 1.4 ℃/m。在整个实验过程中实验室的露点温度约为 8.1 ℃,热管表面没有结露现象的发生。

　　图 5.11 展示了在典型供冷工况稳定状态下的表面温度分布。由于热

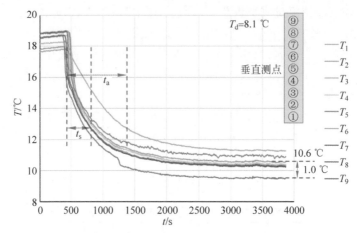

图 5.10　平板热管典型供冷工况垂直温度变化特征

管顶部与冷源间接接触,冷源在流动过程中吸热逐渐升温,因此顶部温度最低且呈现出从左至右逐渐升高的趋势。平板热管其余部分呈现出相同的温度分布趋势,中间部分温度从 10.3 ℃ 逐步升高至 11.9 ℃。其中仅有测点2 所处的热管没有满足该趋势,主要由于其与测点 1 所处热管位置较近,热管 1 位于最左侧与环境的换热更为充分,温度更高。

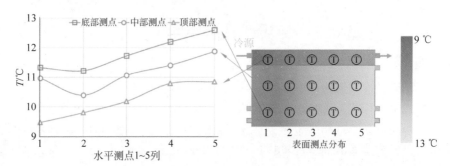

图 5.11　稳定供冷状态下表面温度分布

5.3.2　不同工况下的供冷性能对比

　　图 5.12 为不同供冷工况下的平板热管供冷性能差异。当冷源温度从9 ℃ 降低至 3 ℃ 时,平板热管表面平均温度从 13.1 ℃ 降低至 10.2 ℃,随着冷源温度降低,冷源温度与平板热管表面温度之差增大,平板热管对冷源温度的利用率降低。热响应速度方面,冷源温度越低,降温时间与稳定时间均

有所增加,但是当冷源温度降低至 3 ℃时,平板热管表面出现结露现象,由于结露的放热强化了平板热管的换热,因此热响应速度有所提高。

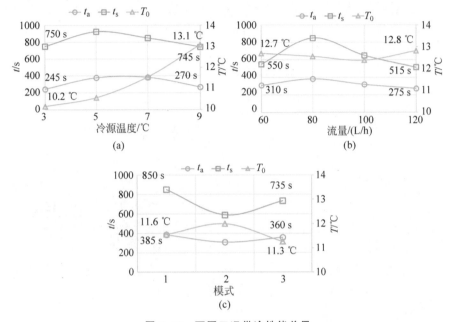

图 5.12　不同工况供冷性能差异
(a) 不同冷源温度；(b) 不同流量；(c) 不同模式

　　类似地,流量对平板热管的供冷性能影响不大,而图 5.12(b)中 80 L/h工况下稳定时间相对较高,主要由于该工况下室内环境较其他工况低了近 1 ℃,平板热管与环境之间的换热更差。而对于不同流动模式而言,整体差别不大,该变化趋势与供暖工况不一致。模式 2 的表面平均温度甚至高于模式 1,主要由于模式 2 工况下的室内环境温度更高,由此可见此时环境温度对平板热管的性能影响更加显著。

　　表 5.4 汇总了不同冷源温度下的平板热管的供冷特性与供冷功率。随着冷源温度降低,供冷量逐渐升高。其中冷源温度为 7 ℃时供冷量最低,一方面是因为环境温度最低,另一方面是因为测量过程中的不确定度导致的。整个供冷工况下,在没有产生结露时换热系数约为 4.8~5.3 W/(m² · K),当冷源温度降低至 3 ℃,此时平板热管表面有结露现象,供冷量显著增加,换热系数达到了 6.6 W/(m² · K)。

表 5.4　平板热管在不同冷源温度下供冷特征

冷源温度/℃	3	5	7	9
表面温度 T_0/℃	10.2	10.6	11.6	13.1
环境温度 T_a/℃	19.7	20.2	19.3	20.3
供冷量/(W/m²)	75.8	57.2	40.1	46.2
换热系数 h/[W/(m²·K)]	6.6	5.3	5.3	4.8

5.4　深化换热性能分析

辐射供暖末端舒适性较高的一个重要因素是其与人体有直接的辐射换热,因此应对平板热管的辐射换热性能进行深入研究。图 5.13(a)是 5.2 节和 5.3 节所研究的平板热管示意图,当供入 50 ℃热源时,平板热管表面温度约 37 ℃,红外成像仪结果见图 5.13(b)。可以看出其难以捕获平板热管表面高温信息,能拍摄到的仅仅是人体高温表面在平板热管表面上的投影。造成该现象的主要原因是平板热管表面材质为抛光铝,发射率低,即使其表面温度高,但是与周围环境几乎没有长波辐射换热,仅有自然对流换热。

 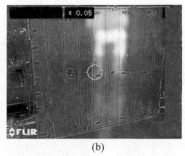

(a)　　　　　　　　　　　　(b)

图 5.13　平板热管表面处理前图像

(a) 处理前实物图；(b) 红外成像仪成像结果

进一步将平板热管进行表面材质处理,将平板热管表面均匀涂抹上一层很薄的导热硅脂层,变相将平板热管金属表面改变成非金属表面。图 5.14(a)为表面材质处理后的平板热管末端实物图,进一步使用红外成像仪对其进行研究,可以发现此时可以很好地捕获平板热管表面温度分布信息,将红外成像仪中显示的温度与实验结果对比,两者误差在 0.7 ℃左右。由此可见,辐射末端很重要的特性之一就是表面发射率,铝制金属的表面发射率极低,导致几乎与外界没有长波辐射换热,故高发射率是辐射末端辐射供暖性能的保证。

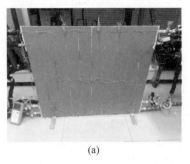 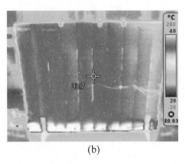

(a)　　　　　　　　　　　　　　　(b)

图 5.14　平板热管表面处理后图像

(a) 处理后实物图;(b) 红外成像仪成像结果

通过对处理前后的供暖性能进行对比,可以得到图 5.15 所示的发射率对平板热管供暖性能的影响。当平板热管表面涂上导热硅脂后,其发射率升高,表面温度也随之下降 0.3～1.5 ℃,一方面由于导热硅脂增大了平板热管向室内换热的热阻,另一方面平板热管供暖功率增大,换热更强使得表面温度下降。尽管高发射率工况下平板热管的表面温度降低,其自然对流换热量下降约 1.1%～16.2%,但是增加的辐射换热量更大,整体供热量增大约 36.1%～42.6%。

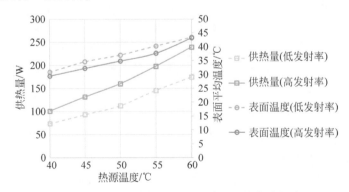

图 5.15　表面发射率对表面温度与供热量的影响

通过对在高/低发射率下平板热管供暖、供冷时的平均换热系数的计算可以得到,随着发射率的升高,供暖时的平均换热系数从原本的 5.6 W/

$(m^2 \cdot K)$提升到了 10.7 W/$(m^2 \cdot K)$,而供冷工况下的平均换热系数也从原本的 5.2 W/$(m^2 \cdot K)$增加到了 9.4 W/$(m^2 \cdot K)$。由此可见,高发射率平板热管与环境的实际换热过程中,辐射换热占总换热量约 40%~50%(见图 5.16)。

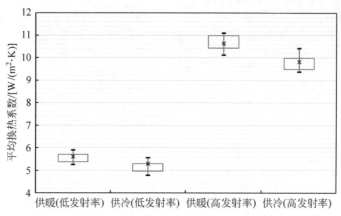

图 5.16　表面发射率对换热系数的影响

5.5　本章小结

本章提出了一种基于平板热管的新型辐射末端,该末端利用微槽道平板热管,通过将冷热源换热器贴合至平板热管的顶部/底部,对其进行降温/升温,同时平板热管内部的热管效应能进一步将整个热管表面温度均匀降低/升高,实现表面温度较为均匀的供冷/供暖。本章对该末端进行了合理设计,并搭建了相应的实验平台,通过对其供冷供暖的特性进行研究,可以得到以下结论:

(1) 相比于散热器、辐射地板,平板热管的热响应速度更快,一方面因为该辐射末端对循环水量需求较少,冷热源仅需要对换热翅片进行加热或降温,就可以实现对整个平板热管的加热或降温;另一方面平板热管内部的热管效应使得平板热管轴向传热速度快,能很快实现表面温度的升高或降低。

(2) 平板热管能实现表面温度相对均匀的辐射供暖。虽然冷热源与平板热管之间的换热面积仅占了平板热管表面积的 1/10,但是平板热管内部的换热优势能实现整个表面温度的均匀分布。

（3）合理的管道布置能实现同一个平板末端满足冬夏兼顾的需求,解决了常见住宅中使用的辐射对流末端难以冬夏兼顾,导致初投资大、占地面积大的问题。

（4）提升平板热管的表面发射率能有效提升平板热管的辐射供暖/供冷能力,进一步提升换热量。

综合来看,平板热管能有效地实现低蓄热量的间歇性辐射供暖供冷,为未来新型末端的发展提供了一个可行的思路。但是目前的末端形式存在供暖/供冷量小的问题,这是现有辐射对流末端同样存在的问题,自然对流换热系数与辐射换热系数是难以增加的,只有通过改变末端形式增大换热面积,从而实现增大供暖/供冷量。除此之外,一些可能影响该末端性能的因素也还没有得到充分考虑,如环境温度对末端性能的影响、供冷工况下结露的影响等,本书将在第 6 章的研究中对其进行进一步挖掘、改进与提升。

第6章 结合辐射与对流的新型平板热管供暖空调末端研究

基于第5章对平板热管用于辐射供暖的可行性探究,可以发现平板热管具备实现间歇性舒适供暖的潜力。相比于传统的辐射供暖末端(如辐射地板、散热器),其具有热惯性小、热响应快的优势,在间歇供暖过程中蓄热小,能很快实现稳定供暖。但不可避免的是辐射对流末端本质上与环境的换热方式为辐射换热与自然对流换热,实际夏热冬冷地区居民使用的辐射地板优势在于换热面积,从而实现供暖功率高;而散热器所利用的热源温度高,通关增大实际换热过程中的温差提高供暖功率。通过对平板热管应用于辐射供暖供冷的研究可以发现,其显著劣势在于换热功率小,增大其换热量是进一步提升其应用于实际辐射供暖、供冷的关键环节。

若增大平板热管换热面积,一方面提升了设备的复杂性、加大了系统的初期投资,另一方面增加了系统的热惯性,与间歇性供暖的目标背道而驰;若进一步提升热源温度,不仅会增大热源与平板热管间的换热温差,降低热源品位利用率,还与现有散热器提升换热量的方式差异不大,实际效果不佳。而在1.2.4节对现有辐射供暖末端的优化方案综述中,可以发现结合强化对流换热是提升末端供暖性能的有效措施,而现有的优化措施存在系统复杂、可实施性低的问题。然而平板热管紧凑的换热结构恰巧能在尽量简化系统的前提下融合强化对流换热的技术。

因此本章在第5章的基础上,提出了结合辐射与对流的新型平板热管供暖空调末端,在合理设计其系统构造形式的基础上完成相关末端的实验设备制造,并对其进行供热、供冷的性能探究。

6.1 设计思路与研究概况

6.1.1 一种结合辐射与对流的供暖空调方式

强化辐射对流末端换热是提高末端间歇性的关键手段。根据前文对现有供暖空调末端的研究,高间歇性的辐射对流末端应该同时具备以下两个特征：①热响应速度快；②换热系数高，换热量大。前者决定了末端自身间歇性，后者进一步决定对室内供暖空调的间歇性。

　　若将平板热管作为辐射末端，其具备热响应快的优势，也就满足了高间歇辐射末端的优势①，但是现有核心问题是其换热系数低，换热量小。若进一步提升热源温度，势必会增大"热源—平板热管"的换热温差，温度越高，增大换热量的收益越低；若增大换热面积，变相增大系统复杂度，也是一项与实际应用相背离的提升手段。但是平板热管的另一个优势就是末端结构紧凑，合理改进其末端形式，采用一定的换热增强手段，是进一步优化平板热管末端的可行方案。

　　因此本章首先提出了一种基于平板热管的结合辐射与对流的供暖空调模式，该强化换热的构造如图 6.1 所示。基于平板热管作为辐射供暖空调末端的基本形式，通过在平板热管背部增加翅片，强化其自然对流换热，同时配以风机在供热、供冷量不足时提供更大的冷热量。对于冬季工况，被热源加热的平板热管将热量传递至背部翅片，风机不启动时，其可以通过背部翅片的强化自然对流加热空气，而加热的空气受浮升力的作用由上部向室内供暖；当风机开启时，冷空气从顶部流入平板热管背部，被翅片加热后从底部送出向室内供暖，这是一种变相优化室内气流组织的方法。夏季工况类似，差别在于风机转向从底部吸风，高温空气在内部降温后由顶部送出。

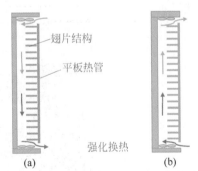

翅片结构

平板热管

强化换热

(a)　　　　　　　(b)

图 6.1　基于平板热管的强化换热构造

（a）冬季工况；（b）夏季工况

6.1.2　新型末端构造

　　基于上述构建的末端形式，本书首先设计了带空气流道的强化换热平板热管形式，如图 6.2 所示。采用了与第 5 章研究相同的 10 根平板热管，不同的是每一根热管配了一块长宽完全一致，高为 0.02 m 的封闭型翅片，

10 根平板热管与 10 根封闭型翅片按照上下关系依次排布,翅片与平板热管间涂以导热硅脂减小传热热阻。

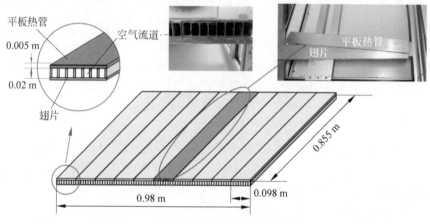

图 6.2　带翅片强化换热的平板热管形式

　　进一步将上述强化换热的结构构建成完整的末端,如图 6.3 所示。首先将结合了强化换热翅片的平板热管固定在支撑板上,上下分别安装风道

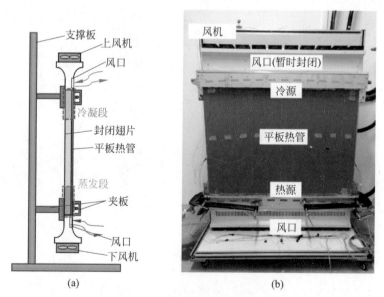

(a)　　　　　　　　　　(b)

图 6.3　强化换热的平板热管末端

(a) 示意图；(b) 实物图

和风机,最后将提供冷热源的换热翅片贴合至平板热管的上下部,形成一个完整的末端结构。当供暖时,上风口关闭,上风机开启,从上部吸风后经过封闭翅片中的空气流道加热,最后从下风口中送出向室内供暖;供冷时下风口关闭,下风机开启,冷风从底部吸入经过封闭翅片后从上风口送出。

图 6.4 为上述结构的细节图,包括风机的具体布置、平板热管与翅片的连接形式和一些热电偶的布置。为了强化平板热管的辐射换热,所有平板热管的表面都均匀涂上了一层薄导热硅脂。

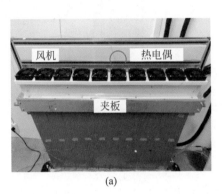

(a)　　　　　　　　　　　　　　　(b)

图 6.4　新型末端具体细节图

(a) 顶部视图;(b) 侧视图

进一步对该末端在供冷供暖工况的换热细节进行阐述。在供暖时,有两种供暖模式可供调节,一是不开启风机的供暖模式,二是开启风机后的强迫对流换热供暖模式,如图 6.5 所示。为了简化供暖时不必要的部件,将图中平板热管顶部的冷源换热器、底部的风机、顶部的风口做了省略。当风机关闭时,热源加热换热器并进一步将热量传递至整个平板热管表面,一方面平板热管的表面与室内存在自然对流与辐射换热,另一方面被加热的平板热管将热量传递至带空气流道的翅片,进而加热其内部空气,被加热的空气受浮升力作用通过上部风机的出风口送出,而冷风也从下部进风口流入翅片内部,以此形成内部自然对流换热;当风机开启时,翅片内部的空气流向转变,冷风由风机从顶部送入翅片内部,被加热的空气从底部送出。供冷工况与供暖工况的换热方式类似,差异在风机开启后强迫对流换热的冷风自下而上供入室内。

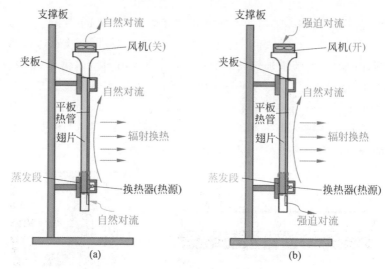

图 6.5　两种具体换热模式

(a) 风机关；(b) 风机开

6.1.3　实验探究方案

为了探究该末端的性能,本研究建立了如图 6.6 的实验系统。整个末端实验系统位于一实验室内,其中室内的空气温度可以控制调节。整个末端部分布置有 19 个热电偶对末端实际供暖、供冷性能进行测试,其中平板热管表面共布置了 14 处热电偶测点,用于测量垂直温差与水平温度分布,同时在上下出风口布置有 2 处热电偶对流入与流出翅片中的空气温度进行测试,另在带空气流道的翅片背部也布置了 3 处热电偶测点。供暖供冷量方面,在换热器的进出口布置了两个高精度铠装铂电阻,同时使用流量计对冷热源的流量进行测量,通过供回水温差与流量确定整个末端的供暖供冷量,该方法与第 5 章的实验研究方法类似,不再赘述。

与第 5 章不同的一点是本研究中供暖、供冷工况相对独立,因此没有设计复杂的循环水流道,均采用模式 1 进行供暖供冷,而在实际研究中也采取手动切换换热器中供冷供暖模式。

本章主要研究该末端的供暖供冷性能,涉及参数包括末端在间歇供暖供冷工况下达到稳定的时间(t_a)、表面温度分布情况、供暖供冷量、换热系数。其中探讨其稳定时间与供暖供冷量的方式与第 5 章研究方法一致,而表面温度分布方面,由于在整个研究过程中对平板热管表面均做了提高发射率的处理(表面均匀涂抹了一层薄导热硅脂),因此在整个实验过程中采

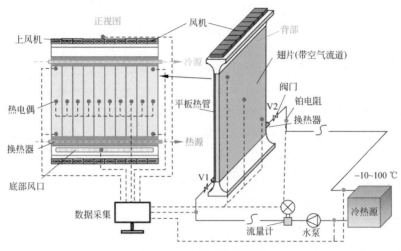

图 6.6　实验系统原理图

用了红外成像仪对表面温度的分布情况进行具体的对比研究。

　　除此之外,结合辐射与对流的平板热管供暖末端的换热方式更加复杂,包括自然对流换热、辐射换热与强迫对流换热,风机在强迫对流换热工况下运行时共有 3 挡,其风量分别为 185 $\mathrm{m^3/h}$、147 $\mathrm{m^3/h}$ 与 94 $\mathrm{m^3/h}$,风量的不确定度为 5 $\mathrm{m^3/h}$。因此在实际供暖供冷过程中,强迫对流的换热量可以由公式(6.1)计算得到:

$$Q_f = \rho_0 c_0 G_0 (T_{upper} - T_{lower})/3600 \tag{6.1}$$

式中,Q_f——强迫对流换热量,W;

　　　ρ_0——该温度下的空气密度,$\mathrm{kg/m^3}$;

　　　c_0——该温度下空气热容,$\mathrm{J/(kg \cdot K)}$;

　　　G_0——强迫对流换热空气的体积流量,$\mathrm{m^3/h}$;

　　　T_{lower}——底部风口出风温度,℃;

　　　T_{upper}——顶部风口出风温度,℃。

　　换热系数方面,不同于第 5 章单纯对平板热管研究便可以确定整个末端的换热面积,结合辐射与对流的新型平板热管末端与环境、周围空气的换热面积难以确定,因此使用了包含换热面积的等效换热系数对该末端的换热能力进行评价,如公式(6.2)所示:

$$k = Q/(T_0 - T_a) \tag{6.2}$$

式中,k——末端等效换热系数,W/K;

Q——末端的供暖供冷量,W;

T_0-T_a——末端平均温度与环境操作温度之差,K。

末端供暖供冷量实际上等于在稳定供暖供冷时冷热源提供给末端的冷热量。明确了研究的内容与要点,本研究将进一步对供暖供冷的不同实验工况进行设计。通过第5章对平板热管的基础供暖、供冷特性有了基本认识后,仍需对室内环境温度和供冷工况下的结露特性进行研究。

表6.1为供暖工况下的各个工况参数与研究目标。主要变量为热源温度、室内温度和是否开启风机进行强迫对流换热,主要研究内容包括平板热管本身的表面温度分布情况和换热能力。

表 6.1　研究工况与研究内容

供暖模式	变量			研究目标
	热源温度/℃	室内温度/℃	强迫对流换热风量 /(m³/h)	
风机关闭	40,50,60,70	5,10,15,20	—	1. 稳定时间(t_a) 2. 供暖特性(T_0) 3. 垂直温度分布 4. 水平温度分布 5. 红外成像分析 6. 供暖功率(Q) 7. 等效换热系数(k) 8. 强迫对流换热量(Q_f)
风机开启	50	—	185,147,94	

针对供冷工况,由于第5章的研究还缺乏对除湿的探究,而在供冷时除湿是不可忽视的,尤其在夏热冬冷地区这样潮湿的环境,因此本章将着重根据新型供暖末端结构特征对其在供冷/除湿的性能和强化换热下供冷能力的提升开展相关探讨。在对平板热管供冷工况下的特征分析中可以发现,换热器中的冷源温度与平板热管表面平均温度存在一定温差,基于该温差设计了如图6.7的供冷模式。对于模式1,将高温冷源通入换热器中,换热器与平板热管的温度均高于室内的露点温度,因此只与室内产生显热换热;模式2中通入的中温冷源将换热器部分的温度降至露点以下,此时换热器与环境有潜热换热交换,而平板热管仍然只有显热供冷;模式3中的冷源温度足够低,使得换热器与平板热管均与环境发生显热换热与潜热换热。

上述不同供冷模式下表面温度与露点温度的关系和各部分是否除湿情

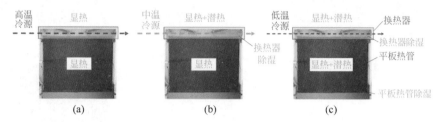

图 6.7　三种供冷模式

(a) 模式 1；(b) 模式 2；(c) 模式 3

况汇总于表 6.2。为了充分探究其供冷除湿的性能,实验在环境温度为 (34.0 ± 0.5)℃,相对湿度为 45.0%±1.0% 条件下开展,此时室内的露点温度约为 20～21 ℃。对于模式 1 而言,供水温度控制在 21.3 ℃左右,以保证各部分均不结露除湿;模式 2 中供水温度约为 17.0 ℃,此时平板热管表面温度约为 22.8 ℃;模式 3 的供水温度为 7.0 ℃。供冷性能方面分析的要点与供暖类似,包括间歇性、表面温度分布情况、总换热系数和强迫对流换热对供冷的影响。

表 6.2　三种供冷模式换热情况

供冷模式	平板热管			换热器		
	温度低于露点	纯显热	显热+潜热	温度低于露点	纯显热	显热+潜热
模式 1	否	是	否	否	是	否
模式 2	否	是	否	是	否	是
模式 3	是	否	是	是	否	是

　　本章所用到的测试仪器包括校准过的 T 型热电偶、铠装铂电阻、流量计与红外成像仪,相较于可行性研究,本章研究所采用的测试仪器精度更高,包括使用了科里奥利流量计,其具体信息见表 6.3。

表 6.3　测试仪器型号与参数

测 试 参 数	测 试 仪 器	精　　度	图　　片
表面温度	T 型热电偶	0.1 ℃	

续表

测 试 参 数	测 试 仪 器	精 度	图 片
冷热源温度	铠装铂电阻（Heraeus 1/10 B级）	0.05 ℃	
流量	科里奥利流量计	0.005 kg/h	
红外成像温度	红外成像仪（TESTO-875）	由热电偶结果校正	

6.2 新型辐射/对流末端供暖研究

6.2.1 供暖性能

首先对该末端在典型工况下的供暖能力进行测试研究，此时室内温度为 20 ℃，热源温度为 50 ℃，风机处于关闭状态。图 6.8 为该工况下新型末端的升温和自然冷却过程，整个过程可以分为三个阶段，在起始的 1040 s内，其表面温度从 19.2 ℃迅速升高至 36.3 ℃，整体垂直温差约为 3.3 ℃/m。由于该末端本身有蓄热，因此在升温阶段的供热功率是高于稳定时的供暖功率的，最终供暖功率稳定在 498 W 左右。除此之外，由于带空气流道的翅片的自然对流换热作用，上风口的空气温度较高，平均温度约为 29 ℃。整个供暖过程末端背部的温度与平板热管表面温度较为一致。

水平温度分布可以通过红外成像仪的结果进行研究。图 6.9 分别为在该供暖工况下校核后的红外成像图片和对该图片表面温度数值处理后的温度分布情况。通过将热电偶的测试数据用于校核红外成像仪的结果，红外成像仪误差能控制在 0.1 ℃内。整体看来，平板热管供暖的均匀性较高，最

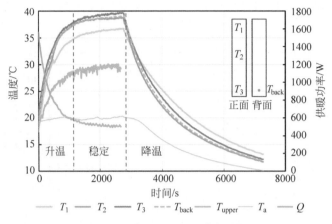

图 6.8　典型供暖工况动态特征

大温差约为 4 ℃,并呈现出中间温度高,两侧温度低的特征,与第 5 章的研究结果近似。而表面温度分布方面,多数温度分布集中在 38.5～41.5 ℃,占比达到了 85.1%,低温与高温区间占比较小。除此之外,位于 40.5～41.5 ℃温度区间的面积占比最大,达到了 35.9%。

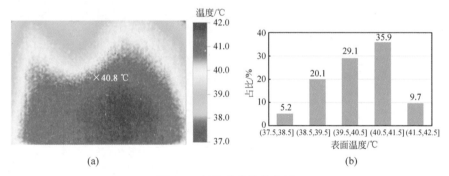

图 6.9　红外成像结果分析

(a) 校核后的红外成像仪图片;(b) 表面温度分布

6.2.2　不同工况下供暖性能对比

图 6.10 为当热源温度从 40 ℃升高至 70 ℃时,末端的供暖特性变化。随着热源温度升高,末端平均表面温度从 32.9 ℃升高至 55.4 ℃。但是同样的,表面温度与热源温度之差也逐渐增大,意味着"热源—平板热管"间的传热过程所造成的热量品位损耗增大,同时供暖功率也从 321 W 迅速增加

到了 845 W,并与热源温度几乎呈线性关系。不同工况下的总换热系数差异不大,为(24.1±0.3) W/K。

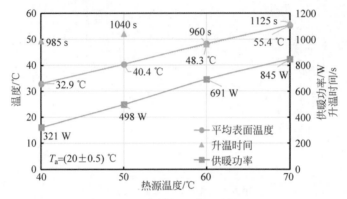

图 6.10　热源温度对供暖特性影响

进一步通过红外成像仪结果对其表面温度分布进行研究,并将 4 个工况的分布绘制于图 6.11 所示的四分位图中,具体数值与每个工况温度分布的标准差见表 6.4。不同工况下最大的表面温差范围在 3.6～4.9 ℃。随

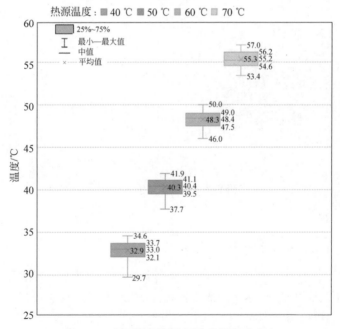

图 6.11　不同热源温度下的表面温度分布

着热源温度升高,表面温度分布数值标准差有所下降,其不均匀性有所降低。因此热源温度对平板热管表面温度分布的不均匀性有一定影响。

表 6.4　不同热源温度下表面温度分布特征

热源温度/℃	表面温度平均值/℃	表面温度最小值/℃	表面温度最大值/℃	标准差
40	32.90	29.70	34.60	1.04
50	40.30	37.70	41.90	0.99
60	48.30	46.00	50.00	0.92
70	55.30	53.40	57.00	0.91

　　除了热源温度,室内温度对平板热管的供暖特性同样有影响。图 6.12 为在热源温度 50 ℃、风机关闭的情况下,室内温度从 5 ℃升高至 20 ℃时平板热管表面温度的变化情况。随着室内温度升高,其稳定供暖温度从 35.3 ℃ 升高至 40.4 ℃,可由公式(6.3)进行拟合:

$$T_0 = 0.33T_a + 33.7 \tag{6.3}$$

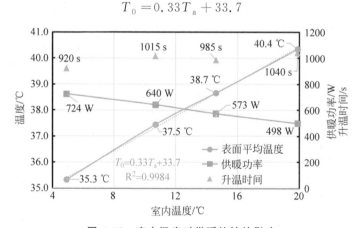

图 6.12　室内温度对供暖特性的影响

　　而供暖功率随着室内温度的升高而降低,当室温为 5 ℃时供暖功率为 724 W,室温 20 ℃时供暖功率降低至 498 W,环境温度越低,该供暖末端的供暖性能越强。总换热系数方面,四个实验工况的换热系数分别为 23.79 W/K、23.93 W/K、23.81 W/K 与 24.32 W/K,差异不大。整体看来,平板热管末端的供暖效果与环境温度的变化关系显著。

6.2.3　结合强迫对流的供暖性能提升

　　开启风机后能显著提升该末端的换热性能。图 6.13 为热源温度

50 ℃、室温 20 ℃ 的供暖工况时末端在动态变化过程中的供暖特性。整个供暖过程可以分为两个阶段,在阶段 1 时,风机没有开启,平板热管的稳定温度达到 37.9 ℃,背部翅片的温度近似与平板热管表面温度相同,此时上风口的空气温度受自然对流的影响约为 25 ℃,供暖功率为 661 W。当风机调整至高挡时,13.9 ℃ 的冷风从上风口吸入,被加热至 24.3 ℃ 后送至室内,此时平板热管的表面温度从 37.9 ℃ 降低至 30.7 ℃。尽管平板热管的表面温度有所下降,但是供暖功率从 661 W 升高至 1072 W,其中强迫对流换热量达到了 678 W。随后风机被调至中挡,风量下降,进而平板热管表面温度升高、出风温度升高,但是供暖功率有所降低。在低风量工况下,平板热管表面温度与翅片温度进一步升高,而总换热量与强迫对流换热量进一步降低。

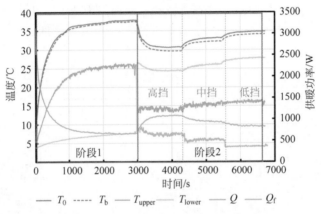

图 6.13　强迫对流换热对供暖特性的影响

表 6.5 为不同强迫对流换热工况下的平板热管供暖特性的具体数值。随着风机的开启,平板热管表面与背部翅片温差从 0.3 ℃ 增加至 1.1 ℃,风量越大,越多的热量被冷空气带走,导致平板热管与背部翅片的温度越低。除此之外,该末端也展现出了对流换热可调的特征,随着风机风量的提升,强迫对流换热量占比也从 43.8% 增加到了 63.2%。整体来看,强迫对流换热能显著提升末端的供热量。

表 6.5　强迫对流换热下各工况参数对比

强迫对流换热工况	表面温度 T_0/℃	背部温度 T_b/℃	下风口 T_{lower}/℃	供暖功率 Q/W	强迫对流 Q_f/W	强迫对流换热量占比/%
无	37.9	37.6	8.0	661	0	0
高挡(185 m³/h)	30.7	29.6	24.3	1072	678	63.2

强迫对流换热工况	表面温度 T_0/℃	背部温度 T_b/℃	下风口 T_{lower}/℃	供暖功率 Q/W	强迫对流 Q_f/W	强迫对流换热量占比/%
中挡(147 m³/h)	33.1	32.2	26.1	914	493	53.9
低挡(94 m³/h)	34.8	34.1	27.6	827	362	43.8

6.3　新型辐射/对流末端供冷与除湿性能研究

6.3.1　三种模式供冷除湿情况

实验所处环境约为(34.0±0.5)℃,相对湿度约为 45.0%±1.0%,因此露点温度约为 20~21 ℃。在这种情况下,新型末端在三种不同冷源温度下的供冷、除湿特性如图 6.14 所示。当表面温度处于露点温度与环境温度之间时,该表面与环境只有显热换热,即纯显热供冷;当表面温度低于露点温度后,表面不光与环境有显热换热,而且还通过除湿与环境发生潜热换热。对于模式 1,21.3 ℃的高温冷源送入平板热管后,换热器平均温度约为 21.4 ℃,平板热管表面为 27.2 ℃,两者温差约为 5.9 ℃,均没有结露,与环境只有显热换热;当冷源温度降低至 17 ℃时,换热器表面与环境有潜热换热,出现明显结露,而此时平板热管表面温度仍然高于环境露点温度,两者温差 5.8 ℃;进一步降低冷源温度,当冷源温度为 7 ℃时,两者表面均出现明显结露,此时温差约为 8.5 ℃。

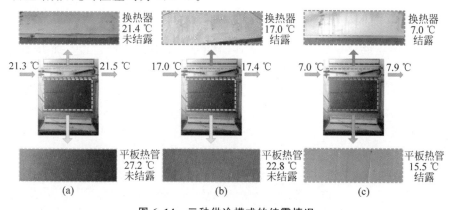

图 6.14　三种供冷模式的结露情况

(a) 模式 1；(b) 模式 2；(c) 模式 3

由此可见如果合理利用换热器与平板热管间的温差可以对末端的显热供冷、潜热除湿进行合理调节,以模式 2 为例,通过选择适当的供水温度,可以实现小面积的换热器潜热除湿,而大面积的平板热管仅提供显热供冷,相比于传统的辐射供冷末端而言调节性更强。

6.3.2 不同工况供冷性能对比

图 6.15 为三种供冷工况下的间歇性能对比。模式 1,模式 2,模式 3 的启动时间分别为 535 s,360 s 与 450 s,三者的差异与第 5 章研究结果近似,在随后的 400～600 s 内,表面温度趋于稳定。然而传统的辐射供冷末端(如辐射供冷天花板等)的启动时间一般在 60～90 min,因此该新型末端在供冷工况下具备间歇性的优势,同时能满足更多辐射供冷场景的需求。

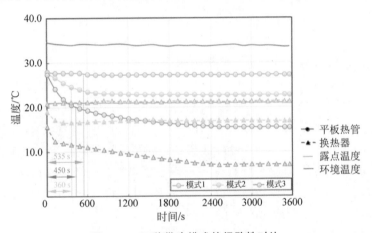

图 6.15 三种供冷模式的间歇性对比

在稳定状态下,三种工况的表面温度分布也有一定差异。三种工况下表面温度各测点温度变化、稳定状态下的热成像图片和表面温度分布区间见图 6.16。通过热成像图片可以直观发现,冷源温度越低,表面温度分布越均匀。在模式 1 中,表面温度较为均匀地分布在 26.0～31.0 ℃,其中分布比例最高的区间为 29.0～30.0 ℃,占比为 28.2%;而模式 2 下,温度分布集中于 22.0～25.0 ℃,占比高达 95.9%;模式 3 的温度分布最为集中,其中 74% 的面积分布在了 14.0～16.0 ℃温度范围内,温差仅有 2 ℃。

通过对上述三种工况的供冷量和换热系数进行分析,可以对其潜热、显热换热情况进行拆分,如图 6.17 所示。当冷源温度为 21.3 ℃时,供冷量仅为 104.4 W,随着冷源温度降低至 17 ℃,供冷量提升 77.7%,其中潜热换热

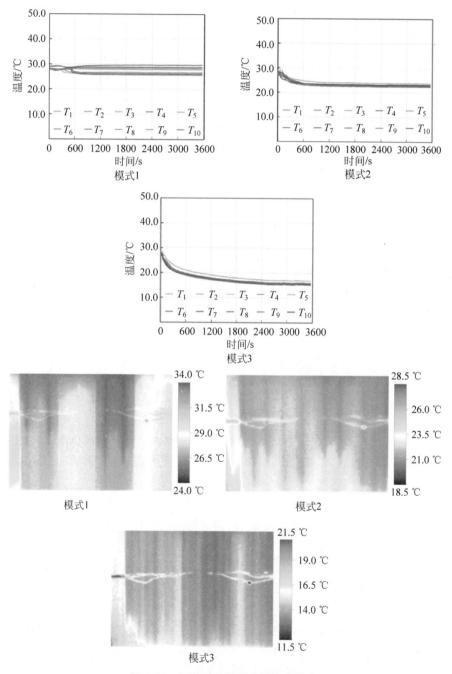

图 6.16　三种供冷模式表面温度分布

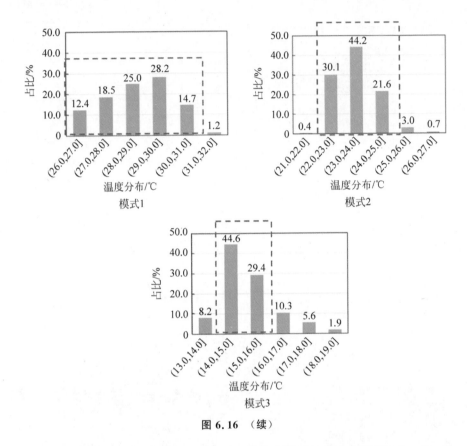

图 6.16 （续）

量从 0 W 增至 22.5 W，占比 12.1%；随着冷源温度进一步降低至 7 ℃，供冷量达到了 357.4 W，提升率达到 92.7%，此时潜热换热也达到了 94.3 W，占比为 26.4%。

换热系数方面，通过大量的基础实验研究，可以得到平均的显热换热系数约为 14.3 W/K，此时计算方式与供暖研究一致，因为难以确定总换热面积，因此采用了总换热系数的计算方式。随着冷源温度降低，潜热换热系数也逐渐从 0 W/K 增长到 6.2 W/K。这种可调节的供冷除湿模式不仅在供冷量上可调，在显热潜热占比上也可以实现相对自由的调节。

表 6.6 为上述三种典型供冷工况的供冷参数对比。整体来看，三种供冷模式的热响应速度差异不大，随着冷源温度的降低，表面温度分布的不均匀性显著下降，而供冷量与换热系数显著升高。

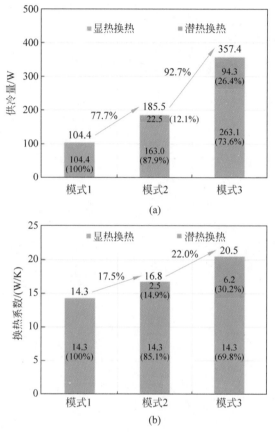

图 6.17　三种供冷模式的换热对比

(a) 供冷量；(b) 换热系数

表 6.6　三种供冷工况参数对比

供冷模式	表面温度/℃ （换热器/热管）	热响应时间/s	表面温度分布 不均匀性/℃	供冷量/W	换热系数 /(W/K)
模式 1	21.4/27.2	535.0	±5.0	104.4	14.3
模式 2	17.0/22.8	360.0	±3.0	185.5	16.8
模式 3	7.0/15.5	450.0	±2.0	357.4	20.5

6.3.3　结合强迫对流的供冷性能提升

当开启风机后，翅片空气流道内产生强迫对流换热，该末端的供冷性能有了较大变化。图 6.18 为供冷模式 3 之下，平板热管表面温度在不同风机运行状态下的变化趋势。当不开启风机时，平板热管表面最终稳定温度约为 15.2 ℃,但是开启风机后,高温空气迅速将平板热管背部翅片的冷量带走,使其温度升高,进一步升高平板热管的表面温度,在风机低挡工况下,表面稳定温度约为 19.1 ℃,而高风速工况下表面温度达到了 21.1 ℃。除此之外,强迫对流换热还额外强化了平板热管的间歇性,其达到稳定供冷的时间随着风机风量的增加而减少。特别地,该三种工况的供冷模式为模式 3,即不开启风机时平板热管与换热器均能实现全热供冷,兼顾除湿,但是随着风机的挡位调至 3 挡后,平板热管的表面温度高于了此时的露点温度,平板热管表面不再除湿,仅提供显热供冷。也就是说,强迫对流换热是防止该供暖末端结露的有效手段之一。

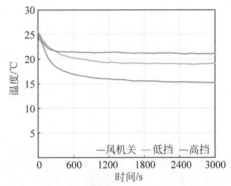

图 6.18　强迫对流换热对表面温度的影响

具体地(见图 6.19),风机低挡模式下能将供冷量从 366.1 W 提升至 483.3 W,提升量达到了 117.2 W,而总换热系数也相应提升了 15.2 W/K。进一步当风机调至高风速模式,供冷量将达到 643.3 W,此时绝大部分都是显热换热,而换热系数也增加到了 56.2 W/K。由此可见,虽然强迫对流换热使得平板热管表面温度提高,但是整体供冷能力是显著提升的。

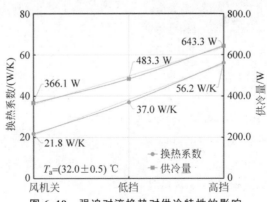

图 6.19　强迫对流换热对供冷特性的影响

6.4　新型末端优化性能对比分析

6.4.1　换热性能对比

本章所提出的强化换热的平板热管新型供暖末端,相比于第 5 章平板热管末端而言,在保留了平板热管作为供暖空调末端间歇性强的基础之上,由于在平板热管背部增加了强化换热的翅片,设计了合理的强迫对流换热形式,进一步强化了其供暖、供冷性能。图 6.20 为新型末端在供暖方面的提升,其中供暖功率的提升高达 147%～363%,尤其当强迫对流换热开启后,供暖功率的提升尤为显著。基于这种供暖可调的运行模式,该新型末端可以在实际应用场景中得到较好地灵活应用。

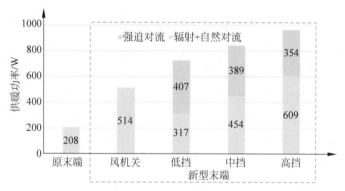

图 6.20　新型末端供暖能力的提升

供冷能力方面,强化换热的措施也显著提升了该末端的供冷性能(见图 6.21)。第 5 章中原末端在环境温度 20 ℃,7 ℃冷源工况下,供冷量仅为 97 W,而通过强化换热后,末端的整体供冷量提升超过 1 倍,达到了 205 W。同时本研究开展了环境温度对末端供冷量影响的探究,随着环境温度的提升,供冷量有显著的变化,当环境温度为 32 ℃时,其供冷量达到了 368 W,上述所有工况都是风机没有开启的供冷量,与环境的换热方式为自然对流换热与辐射换热。而随着强迫对流换热的开启,供冷量也得到了显著提升。整体来看,该末端在供冷工况下的调节性强,一方面体现在对环境温度的适应性较强,环境温度越高,供冷量越大;另一方面结合可调节的强迫对流换热手段,在供冷需求高时开启可提供更大的供冷量,供冷需求低时可关闭。除此之外,结合三种可调节的供冷模式,可以实现除湿与显热供冷的灵活调节。

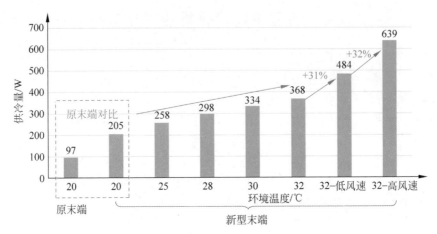

图 6.21　新型末端供冷能力的提升

6.4.2　动态供暖性能

前面关于供暖性能的探究主要针对其稳态性能展开研究,实际供暖条件下更多是一个动态过程。图 6.22 展示了新型末端在热源温度为 50 ℃条件下,室温从 5 ℃升高至 20 ℃过程中的供暖性能动态变化特征。在末端运行初期,室温约为 5 ℃,末端稳定供暖温度约为 34.9 ℃,供热量约为 766 W。进一步调节室温,随着室内温度从 5 ℃升高至 20 ℃,平板热管表面平均温度也从 34.9 ℃升高至 40.7 ℃,供热量降低至 496 W。室内温度越高,对供暖末端的供热量需求越低,平板热管的动态性调节也满足实际供暖需求。进一步,通过公式(6.3)对平板热管的表面温度进行拟合,发现所拟合的表面温度与实测温度一致,意味着平板热管对室内温度的动态响应速度较快。

进一步探讨在动态供暖过程下,室内温度的变化特征。图 6.23 为新型末端在动态供暖过程下室内垂直温度的变化特征。当风机关闭时,室内温度缓慢升高,垂直温差大约为 3.1 ℃/m,呈现出与散热器较为相似的结果,因为此时热空气受浮升力的影响从末端的上风口流出加热室内;随着风机开启,此时热风的送风口在下方,底部 0.1 m 处的空气温度迅速升高,而 1.1 m 与 1.7 m 处的空气温度几乎没有差异,此时呈现出脚暖、其余空间垂直温度均匀的特征,也符合实际人体的热舒适需求;当风机风量降低后,底部空气温度有所降低,由于整个末端供热量下降,导致室内温度升温趋于缓

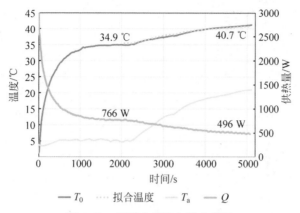

图 6.22　新型末端的自适应特征

慢；在低挡工况下，热风送风量减小使得热风难以送至底部空气温度测点，此时垂直温差恢复如初。整体来看，该末端在动态供暖过程中可以通过风机调节营造舒适室内热环境。

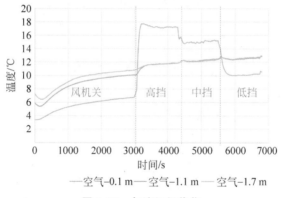

图 6.23　气流组织优化

6.4.3　与传统供暖末端间歇性对比

除了自身性能的对比，本节将对新型末端与传统末端的供暖性能展开对比分析。间歇性方面，图 6.24 对比了新型末端与传统散热器、辐射地板的间歇性差异。由于新型末端自身循环水系统需求量小，且平板热管内部蓄热量小，因此当热源通入末端后，平板热管表面仅需要 1200 s 左右就能达到 40 ℃。散热器热响应相对较慢，其在供暖初期升温速度与平板热管的升温速度一致,但是当低温回水流回热源后,降低了热源水箱中的整体水温,导致其后续升温速度较慢,整体是由于散热器内部蓄热较高所致。辐射地板的升温最慢,其内部循环水、地板的蓄热是导致其升温速度慢的最大原因。整体来看,新型末端相比于传统辐射对流末端而言具备间歇性的优势。

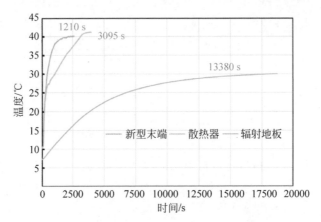

图 6.24　新型末端间歇性对比

6.5　本章小结

本章在第 5 章的基础上,提出了一种基于平板热管的辐射、对流新型供暖空调末端,并对其供暖、供冷特性做了研究,分析了冷热源温度、室内环境温度、强迫对流换热对该末端供暖供冷性能的影响,在此基础上完成了该末端与原末端和传统供暖末端的对比。实验结果显示,该末端具备以下优势:

(1) 热响应速度快,间歇性强:升温、降温时间在 500 s 以内,整体达到稳定供暖供冷的时间约在 1200 s,由于其蓄热小、传热快,相比于传统的辐射供暖末端热响应速度更快。

(2) 相比于原平板热管末端供暖供冷性能大幅提升:由于第 5 章所提出的平板热管辐射供暖思路受换热系数的限制,供暖供冷量较低,仅拥有间歇性强的优势难以实现实际环境中的供暖供冷,而本章所提出的强化换热的辐射对流新型末端在保留了原有平板热管供暖空调末端间歇性强的基础上,大幅度提高了供暖供冷能力。

(3) 对热源的利用率相对较高:当提供 50 ℃热源时,表面温度约为 40 ℃;而辐射地板的表面温度在相同情况下仅为 28~30 ℃。

（4）可调节性强：一方面体现在供暖供冷量上的可调节，可以通过对风机的启停、挡位的控制调节供暖供冷量；另一方面在供冷工况下通过合理利用传热温差设计除湿模式，可以根据不同的场景需求进行调节控制。

（5）合理的风道设计与风口设置可以营造良好的室内环境：冬天热风从底部送出、夏天冷风从顶部送出，满足室内冷热空气在浮升力作用下的流动方向，尽可能减小室内垂直温差。

（6）结构简单紧凑，可与多种热源形式结合（如电驱动热泵等）；同时适用于住宅、小型办公室等灵活应用场合。

整体来看，现有末端形式的供热量能达到 $700 \sim 800$ W，而供冷量能达到 600 W，现在的末端横截面积约为 1 m^2，按照单位面积计算新型末端已经达到了传统辐射对流末端的供暖供冷量，但是仅现在的面积大小和供暖供冷量难以满足夏热冬冷地区实际的间歇性供暖需求。若进一步提升末端面积，势必增加系统复杂度，所以进一步对其结构进行完善与优化是未来使其应用于实际间歇供暖空调场景中的关键。除此之外，为了实验测试便利，现有新型末端采用的冷热源为循环水，这对于家庭应用场景来讲会增加系统复杂程度。

第7章　结论与展望

随着城镇化不断推进,居民对舒适环境需求提高,夏热冬冷地区住宅的供暖问题日益突出,避免一味使用基于燃气壁挂炉的辐射对流末端,而采用适宜于该地区的舒适且高效的供暖手段是在保证该地区居民供暖舒适性的基础上尽早实现2030年夏热冬冷地区供暖领域碳排放达峰的关键。本书对夏热冬冷地区住宅的常见供暖末端展开了实测与理论分析,并基于对现有末端存在问题的剖析提出了适宜于该地区的间歇供暖新型末端形式,具有较大的实际应用意义。

7.1　主　要　结　论

本书针对夏热冬冷地区住宅现有的供暖形式存在的问题、如何从理论与实测对上述问题进行系统化剖析与挖掘和研制适宜于夏热冬冷地区间歇性供暖需求的新型供暖末端三个问题,展开了网络调研、现场实测、理论分析、实验验证,深入开展了夏热冬冷地区住宅现有供暖末端的特征分析和优化路径探索,提出了基于平板热管的新型供暖空调末端,对其实际运行特征和应用潜力展开了研究分析。主要结论如下:

通过大规模网络调研与实地现场测试深入了解了夏热冬冷地区住宅供暖现状与未来发展趋势。夏热冬冷地区住宅中的供暖需求是间歇性供暖,即只需要在环境过冷、居民有实际供暖需求时提供相应的供暖措施,时间通常为2~3 h。现有的供暖手段主要包括房间空调器、辐射地板与散热器,房间空调器的高间歇性能满足夏热冬冷地区居民的实际需求,但是存在舒适性差的问题;辐射地板与散热器虽然能提供高舒适性的环境,但是其间歇性差使得居民在使用时大部分采用连续运行的模式,能耗相对较高,且以燃气壁挂炉为热源的供暖形式直接碳排放量高。然而随着居民对舒适环境的需求日益强烈,越来越多的居民渴望使用辐射对流末端作为冬季供暖手段,倘若按照现有方式发展下去,势必会造成夏热冬冷地区住宅供暖能耗激增,增加该地区供暖碳排放达峰的难度,因此寻求一种优化的供暖末端,以实现舒适的间歇供暖,是未来该地区供暖末端领域应该关注的重点。

　　通过实验与理论结合的研究方法对供暖末端的特性展开深入挖掘。首先建立了三种典型供暖末端的实验对比平台并展开实际供暖性能的分析研究,对供暖末端在间歇供暖过程中的供暖特性和所营造室内环境特征展开对比分析。进一步基于现有供暖末端的㶲耗散模型,针对三种典型供暖末端在实际间歇供暖过程中各个环节传热过程的"量""质"变化趋势展开了理论研究,从"热源—末端—室内"全过程地分析了现有供暖末端在间歇供暖过程中的热源品位需求与损耗及内部传热特征。结合理论与实验分析,得到现有的对流供暖末端热响应快、供热量大,但是存在室内舒适性差,同时热源与送风传热温差损耗大的缺陷;现有的辐射地板舒适性最高,但是蓄热量大、内部传热热阻高、换热系数小,使得热源品位利用率低,间歇性差;散热器的舒适性与间歇性则位于辐射地板与对流末端之间,一方面因为其表面温度高、室内仍有一定垂直温差,所以导致舒适性不如辐射地板,而热源品位方面由于换热系数低,需要高温供暖以提升其供暖功率,因此热源品位需求高。通过理论与实验相结合的手段,科学全面地挖掘现有供暖末端各自的优势与缺陷,明确未来供暖末端的优化与发展路径,得出高效间歇性舒适供暖末端应满足以下四个特征:①与室内人员能产生辐射换热,室内环境更均匀;②热惯性(蓄热)小,热响应速度快;③供暖功率较大且可调,能适用于变化的需求场景;④尽量避免使用燃气壁挂炉为热源。

　　提出了基于平板热管的新型供暖空调末端并完成优化设计。针对现有夏热冬冷地区供暖末端存在的问题,基于得到的优化路径分析,并综合利用现有供暖末端各自的优势,创新地提出了基于平板热管的新型供暖空调末端形式,并对其应用在室内末端的可行性展开实验探究,通过初步探索得到平板热管因其平板特征和内部高效的传热特性能实现快速、表面温度分布均匀的高间歇性辐射供暖空调。进一步合理设计其结构形式并完善研究方法,为强化供暖供冷能力提出一种辐射与对流结合的新型平板热管供暖空调末端,设计并制造了末端样品,分别从供暖、供冷和综合分析对比开展相关探索研究。该新型末端相比于传统的辐射供暖末端热惯性小,间歇性强,且能实现冬夏兼顾;相比于传统的对流供暖末端,该新型平板热管不仅能提供辐射换热,同时优化的气流组织能营造舒适性更高的室内环境。新型平板热管特殊的结构形式与内部换热特性还为其提供了可调节除湿、动态供暖供冷等多种运行模式。其结构具备紧凑、简单的特点,可以进一步与电驱动热泵结合,适用于住宅、小型办公室等多种灵活应用场景,为未来新型供暖空调末端领域的发展提供了参考。

7.2　研究的创新点

本研究的主要创新点如下：

（1）科学认知了夏热冬冷地区住宅供暖需求与末端供暖特征。以"调研—实测—理论—实验"的供暖末端特征研究方法，全面研究夏热冬冷地区住宅供暖特征，并明确了适宜于夏热冬冷地区住宅的新型供暖末端优化方向。通过调研、实测，研究了夏热冬冷地区现有供暖现状与发展趋势，并初步研究了末端供暖特性；采用实验对比研究与基于累积㶲耗散理论分析相结合的方式，全面深入对供暖末端供暖特征与优化路径展开探究。

（2）创新地提出了基于平板热管的新型辐射供暖空调末端思路。利用平板热管高效传热特性与平板特征，提出将平板热管应用于辐射供暖空调末端的思路。通过建立基于平板热管的供暖空调末端形式，并搭建相应实验平台，对其应用于间歇性辐射供暖、供冷展开可行性实验探究。

（3）建立基于强化换热的平板热管供暖空调末端优化设计方法。提出了基于平板热管的辐射与对流结合的新型供暖末端形式，完成末端实物构建与性能探究，为适用于多种应用场合、灵活性与可调性强的高间歇性新型供暖空调末端的发展提供参考思路与技术支撑。

7.3　本研究的展望

本书对夏热冬冷地区的供暖末端展开了深入剖析，针对其优化路径与方法提出了高间歇性的基于平板热管的辐射与对流结合的新型供暖空调末端，然而在以下方面还存在不足，有待继续深入研究：

（1）新型平板热管供暖空调末端间歇性。本研究首先提出了基于平板热管的辐射供暖供冷形式，但是由于其辐射换热系数、自然对流换热系数的限制，整体换热量有限，而提高末端间歇性的关键要点之一即提升供暖能力；进一步通过第6章强化换热的优化手段，提升了该末端的供暖供冷能力，相比于现有的辐射对流末端而言供暖供冷能力有所提升，但是仍然难以达到对流末端的间歇能力。因此需要在第6章新型平板热管末端形式基础之上，进一步强化其供暖供冷能力，以满足实际需求中更快速的间歇供暖空调场景，提供更为灵活的调节手段。

　　（2）新型供暖空调末端冷热源。在本书的实验研究中，为了便于对冷热量进行精确测量，选取了循环水/乙二醇水溶液作为新型供暖空调末端的冷热源，通过循环介质将冷热量传递至平板热管。但是在实际应用中，以循环水为冷热源的供暖末端会增加改造难度、占用室内空间，若使用燃气壁挂炉作为热源还会进一步增加直接碳排放量，从长远发展上来讲是不可取的。而夏热冬冷地区大部分居民都安装了空气源热泵空调，如何将热泵与新型平板热管供暖末端结合仍有待研究。

参 考 文 献

[1] 新华网. 习近平在第七十五届联合国大会一般性辩论上的讲话（全文）[R/OL].
(2020-09-22)[2020-12-11]. http://www.xinhuanet.com/politics/leaders/2020-
09/22/c_1126527652.htm.

[2] 清华大学建筑节能研究中心. 中国建筑节能年度发展研究报告 2018[M]. 北京：
中国建筑工业出版社,2018.

[3] 中华人民共和国国家统计局. 中华人民共和国 2019 年国民经济和社会发展统计
公报[M]. 北京：中国统计出版社,2020.

[4] 中华人民共和国住房与城乡建设部. 中国城乡建设统计年鉴 2019[M]. 北京：中
国统计出版社,2020.

[5] 清华大学建筑节能研究中心. 中国建筑节能年度发展研究报告 2020[M]. 北京：
中国建筑工业出版社,2020.

[6] 中华人民共和国住房与城乡建设部. 夏热冬冷地区居住建筑节能设计标准[S]. 北
京：中国建筑工业出版社,2010.

[7] 中华人民共和国住房与城乡建设部. 民用建筑室内热湿环境评价标准[S]. 北京：
中国标准出版社,2012.

[8] 张晓梅. 建议将北方集中公共供暖延伸到南方[N/OL]. (2012-03-02)[2020-10-13].
http://www.cma.gov.cn/2011xwzx/2011xmtjj/202110/t20211029_3996753.html.

[9] 何雨欣,等. 住房城乡建设部回应供暖五大热点[R/OL]. (2015-11-16)[2020-10-
13]. http://www.gov.cn/xinwen/2015-11/26/content_5017403.htm.

[10] 付祥钊,樊燕. 夏热冬冷地区供暖探讨[J]. 暖通空调,2013,43(6)：78-81.

[11] 仇保兴. 我国绿色建筑发展和建筑节能的形势与任务——第八届国际绿色建筑
与建筑节能大会主题报告[J]. 建设科技,2012(10)：12-17.

[12] 郎四维,林海燕,付祥钊,等. 《夏热冬冷地区住宅节能设计标准》简介[J]. 暖通空
调. 2001,31(4)：12-15.

[13] 殷平. 南方供暖的现状和路径[J]. 暖通空调,2013,43(6)：50-57.

[14] 龙惟定. 夏热冬冷地区住宅供暖问题刍议[J]. 暖通空调,2013,43(6)：42-49.

[15] JIANG H,YAO R,HAN S,et al. How do urban residents use energy for winter
heating at home? A large-scale survey in the hot summer and cold winter climate
zone in the Yangtze River region[J]. Energy and Buildings,2020,223：110131.

[16] 王者. 夏热冬冷地区城镇住宅采暖需求与适宜末端研究[D]. 北京：清华大
学,2016.

[17] GUO S,YAN D,PENG C,et al. Investigation and analyses of residential heating in the HSCW climate zone of China：Status quo and key features[J]. Building and Environment,2015,94：532-542.

[18] 唐曦,革非,辜兴军. 夏热冬冷地区住宅供暖探讨[J]. 暖通空调,2013,43(6)：68-71.

[19] 闫增峰,董旭娟,阮丹,等. 我国夏热冬冷地区住宅冬季供暖问题探索[J]. 建筑技术开发,2015,42(2)：47-51.

[20] 张东凯,郑洁,黄锋. 夏热冬冷地区供暖调研分析[J]. 暖通空调,2014(6)：21-24.

[21] 史洁,苏伟,吕晶,等. 上海高层住宅室内热舒适研究[J]. 建筑热能通风空调,2008,27(1)：75-80.

[22] 成建宏. 中国制冷空调实际运行状况调研报告[M]. 北京：中国质检出版社,2017.

[23] 徐振坤,李金波,石文星,等. 长江流域住宅用空调器使用状态与能耗大数据分析[J]. 暖通空调,2018,48(8)：7-14.

[24] 李亚亚. 夏热冬冷地区居住建筑冬季室内热舒适研究——以杭州、合肥为例[D]. 陕西：西安建筑科技大学,2013.

[25] 崔杰. 长江中下游地区典型户式燃气壁挂炉采暖系统研究[D]. 山东：青岛理工大学,2015.

[26] 孙弘历,林波荣,王者,等. 成都地区居住建筑不同供暖末端能耗与满意率调研[J]. 暖通空调,2018,48(2)：30-34.

[27] 李哲. 中国住宅中人的用能行为与能耗关系的调查与研究[D]. 北京：清华大学,2012.

[28] 董旭娟. 夏热冬冷地区住宅供暖与节能设计研究[D]. 陕西：西安建筑科技大学,2016.

[29] 郭偲悦. 上海地区居民采暖使用方式研究[D]. 北京：清华大学,2012.

[30] 谭晶月. 基于大数据的重庆地区住宅建筑房间空调器使用特征研究[D]. 重庆：重庆大学,2018.

[31] 黎春鹏,周建伟,杨四龙. 浅析夏热冬冷地区几种常见采暖方式[J]. 供热制冷,2018(8)：40-42.

[32] LIN B,WANG Z,LIU Y,et al. Investigation of winter indoor thermal environment and heating demand of urban residential buildings in China's hot summer-cold winter climate region[J]. Building and Environment,2016,101：9-18.

[33] 陈金华,张静,范凌枭,等. 重庆市住宅冬季热环境及供暖现状[J]. 暖通空调,2016,46(11)：90-94.

[34] 郭偲悦,燕达,彭琛,等. 上海地区住宅冬季供暖现状调查与测试研究[J]. 暖通空调,2014,06(3)：11-15.

[35] 万旭东,谢静超,赵耀华,等. 不同城市住宅热湿环境及能耗的调查实测结果分析

[J].节能技术,2008,26(1):68-74.

[36] 董旭娟,闫增峰,王智伟.夏热冬冷地区城市住宅供暖方式调查与室内热环境测试研究[J].建筑科学,2014,30(12):2-7.

[37] 孟维庆.夏热冬冷地区城镇居住建筑冬季室内热环境研究——以汉中市为例[D].陕西:西安建筑科技大学,2013.

[38] 王牧洲,刘念雄.夏热冬冷地区城市住宅冬季热环境后评估研究——基于武汉和上海的差异化分析[J].华中建筑,2018,36(5):44-48.

[39] 周翔,张淇淇,张静思,等.上海地区住宅冬季室内环境调研及热需求分析[J].暖通空调,2013,43(6):64-67.

[40] YOSHINO H,YOSHINO Y,ZHANG Q,et al. Indoor thermal environment and energy saving for urban residential buildings in China[J]. Energy and Buildings,2006,38(11):1308-1319.

[41] 杨玲.夏热冬冷地区住宅供暖方式探讨[J].暖通空调,2013,1(6):19-22.

[42] 欧阳焱,刘光大.湖南地区供暖方式选择[J].暖通空调,2013,043(6):72-74.

[43] 郑以翔.夏热冬冷地区不同供暖需求模式下供暖系统综合评价[D].陕西:西安建筑科技大学,2017.

[44] 亢燕铭,张云,王舒寒,等.持续供暖时长对间断供暖房间能耗的影响[J].东华大学学报(自然科学版),2016,42(6):900-905.

[45] 中国国家标准化管理委员会.房间空气调节器能效限定值及能效等级[S].北京:中国标准出版社,2010.

[46] 武茜.杭州地区住宅能耗现状调查[J].工程建设与设计,2007,04(2):45-48.

[47] 唐峰,王晓磊,罗一哲,等.夏热冬冷地区住宅建筑能耗长期测试及使用行为模拟分析[J].建筑节能,2016,44(4):104-107.

[48] 郭偲悦,燕达,崔莹,等.长江中下游地区住宅冬季供暖典型案例及关键问题[J].暖通空调,2014(6):25-32.

[49] 王子介.空气源热泵用于住宅辐射地板供暖的实测研究[J].暖通空调,2003,33(1):8-11.

[50] 宋磊,周翔,张静思,等.上海地区居民热泵型空调器供暖行为及能耗模拟研究[J].暖通空调,2017,47(9):55-60.

[51] BRAGER G S,DEAR R J D. Thermal adaptation in the built environment:A literature review[J]. Energy and Buildings,1998,27(1):83-96.

[52] 李百战,刘晶,姚润明.重庆地区冬季教室热环境调查分析[J].暖通空调,2007,37(5):115-117.

[53] 李俊鸽,杨柳,刘加平.夏热冬冷地区人体热舒适气候适应模型研究[J].暖通空调,2008,38(7):20-24.

[54] 景胜蓝.自由运行建筑人体热适应性研究[D].重庆:重庆大学,2013.

[55] 韩杰,张国强,周晋.夏热冬冷地区村镇住宅热环境与热舒适研究[J].湖南大学学报:自然科学版,2009,036(6):13-17.

[56] 李敏.适用于中国地区的热舒适服装热阻的计算方法研究[D].北京:清华大学,2015.

[57] VAN MARKEN LICHTENBELT W D,VANHOMMERIG J W,SMULDERS N M,et al. Cold-activated brown adipose tissue in healthy men[J]. New England Journal of Medicine,2009,360(15):1500-1508.

[58] SAITO M,OKAMATSU-OGURA Y,MATSUSHITA M,et al. High incidence of metabolically active brown adipose tissue in healthy adult humans:Effects of cold exposure and adiposity[J]. Diabetes,2009,58(7):1526-1531.

[59] YU J,OUYANG Q,ZHU Y,et al. A comparison of the thermal adaptability of people accustomed to air-conditioned environments and naturally ventilated environments[J]. Indoor Air,2012,22(2):110-118.

[60] YU J,CAO G,CUI W,et al. People who live in a cold climate:Thermal adaptation differences based on availability of heating[J]. Indoor Air,2013,23(4):303-310.

[61] 罗茂辉.建筑环境人体热适应规律与调节机理研究[D].北京:清华大学,2017.

[62] 曹彬,李敏,欧阳沁,等.基于实际建筑环境的人体热适应研究(2)——集中供暖与分户独立供暖住宅对比[J].暖通空调,2014,(10):79-83.

[63] YE X J,ZHOU Z P,LIAN Z W,et al. Field study of a thermal environment and adaptive model in Shanghai[J]. Indoor Air,2010,16(4):320-326.

[64] BAIZHAN LI,WEI YU,MENG LIU,et al. Climatic strategies of indoor thermal environment for residential buildings in Yangtze river region,China[J]. Indoor and Built Environment,2011,20(1):101-111.

[65] WANG Z,DE DEAR R,LIN B,et al. Rational selection of heating temperature set points for China's hot summer-cold winter climatic region[J]. Building and Environment,2015,93:63-70.

[66] 石红柳.夏热冬冷地区典型城市的不同采暖方式综合评价[D].陕西:西安建筑科技大学,2014.

[67] 孔德玉.冬季湿冷环境人体热舒适及供暖需求研究[D].重庆:重庆大学,2019.

[68] 黄文宇.基于压缩机热平衡的房间空调器现场性能测试方法研究[D].北京:清华大学,2017.

[69] 丁国良,张春路,李灏,等.分体式家用空调器动态仿真[J].上海交通大学学报,1999,33(3):262-264.

[70] YANG Z,XIAO H,JI C,et al. Effect of installation height of indoor unit on field heating performance of room air conditioner[J]. Journal of Building Engineering,2020,32:101527.

[71] 张伟,朱家玲,苗常海.低温地板采暖与散热器采暖效果的对比分析[J].太阳能学报,2005,26(3):10-13.

[72] 邹同华,马丽君,金梧凤.低温辐射地板供暖系统室内温度场的实验研究[J].暖

通空调,2010,40(7):98-100.

[73]　李梦竹.辐射供暖房间空调器的特性研究及系统优化[D].南京:东南大学,2015.

[74]　唐海达,张涛,刘晓华.长江流域住宅中混凝土辐射地板与风机盘管供暖性能实测[J].暖通空调,2017,47(11):97-103.

[75]　SÉBASTIEN T,FRANCK P,PHILIPPE A. Model validation of a dynamic embedded water base surface heat emitting system for buildings[J]. Building Simulation,2011,4(1):41-48.

[76]　吴明洋.混凝土辐射末端传热特性模拟及应用研究[D].北京:清华大学,2015.

[77]　唐光明.空气源热泵热水供暖系统在夏热冬冷地区应用研究[D].安徽:安徽建筑大学,2018.

[78]　格力.家用壁挂式空调悦风-Ⅱ系列 [DB/OL]. [2020.10.20]. https://www.gree.com/cmsProduct/view/3001.

[79]　海尔.家用壁挂式变频空调劲铂系列 [DB/OL]. [2020.10.20]. https://www.haier.com/air_conditioners/20200514_125736.shtml?spm = cn.29349_pc.product_20190920.1.

[80]　格力.家用柜式空调 i 酷系列 [DB/OL]. [2020.10.20]. https://www.gree.com/cmsProduct/view/1062.5720-7800.

[81]　海尔.家用柜式变频空调致樽系列 [DB/OL]. [2020.10.20]. https://www.haier.com/air_conditioners/20200217_114029.shtml?spm = cn.29349_pc.product_20190920.1.

[82]　章熙民,任泽霈,梅飞鸣.传热学(第五版)[M].北京:中国建筑工业出版社,2007.

[83]　ZHANG D,CAI N,WANG Z. Experimental and numerical analysis of lightweight radiant floor heating system[J]. Energy and Buildings,2013,61(06):260-266.

[84]　李清清,杨吉民,陈超.南京某毛细管辐射供暖系统的实验研究[C]//全国暖通空调制冷 2014 年学术文集.[出版地不详:出版者不详],2014.

[85]　王文,何雪冰,陈建苹,等.低温热水地板与热泵空调器采暖测试对比分析[J].重庆建筑大学学报,2001,023(2):43-50.

[86]　丁有虎.低温热水辐射地板供暖传热的实验研究[D].哈尔滨:哈尔滨工业大学,2007.

[87]　SHINODA J,KAZANCI O B,TANABE S I,et al. A review of the surface heat transfer coefficients of radiant heating and cooling systems[J]. Building and Environment,2019,159(7):106156.1-106156.14.

[88]　北京市建筑设计研究院有限公司.低温热水辐射地板供暖应用技术规程[Z].2001.

[89]　张旭,陈文良,于文剑,等.常用供暖散热器辐射—对流放热量比例的实验研究

[J].暖通空调,1994,24(6):13-15.

[90] SUN H,YANG Z,LIN B,et al. Comparison of thermal comfort between convective heating and radiant heating terminals in a winter thermal environment: A field and experimental study[J]. Energy and Buildings,2020,224:110239.

[91] 张雪梅,王如竹.地板采暖和风机采暖室内热环境的对比研究[J].能源技术, 2006,27(2):68-71.

[92] 朱颖心.建筑环境学(第四版)[M].北京:中国建筑工业出版社,2016.

[93] 赵康,吴明洋,佟振,等.长江流域住宅分散式供暖改造案例及分析[J].暖通空 调,2013,43(6):58-63.

[94] 徐淑娟.成都地区低温热水辐射采暖系统室内热环境研究[D].成都:西南交通 大学,2005.

[95] 高智杰.夏热冬冷地区不同采暖末端的供热特性及调控规律研究[D].陕西:西 安建筑科技大学,2013.

[96] 朱翔.夏热冬冷地区毛细管网空调辐射供暖热舒适性的研究[D].安徽:安徽建 筑大学,2018.

[97] 王汉青,康良麒,郭娟,等.冬冷夏热地区地板辐射采暖的现场测试和模拟研究 [J].建筑热能通风空调,2013,32(5):91-94.

[98] 陈守海,高童,王军,等.挂壁式变频空调器温度场特性与热舒适研究[J].家电科 技,2018(S1):5.

[99] 程海峰,许洁,王庚,等.夏热冬冷地区低温散热器与空调供暖室内温度分布特征 研究[J].安徽建筑大学学报,2018,26(4):73-77.

[100] 陈剑波,黄俊毅.上出风壁挂式空调器舒适性的数值模拟及实验研究[J].建筑 科学,2008,24(10):39-42.

[101] ASHRAE STANDARDS COMMITTEE. ANSI/ASHRAE Standard 55-2013: Thermal environmental conditions for human occupancy[S]. Atlanta, USA: ASHRAE,2013.

[102] 贾庆贤,杨九铭,赵夫峰,等.家用空调器舒适性问题探讨[J].建筑热能通风空 调,2010,29(3):63-66.

[103] 王时雨.送风参数对热风供暖效果的影响[D].上海:东华大学,2014.

[104] ASHRAE STANDARDS COMMITTEE. ASHRAE Handbook 2013,Fundamentals (SI): American society of heating,refrigeration and air-conditioning[S]. Atlanta, USA: ASHRAE,2013.

[105] OLESEN B W. Radiant floor heating in theory and practice[J]. Ashrae Journal, 2002,44(7):19-26.

[106] 杨进.辐射采暖的热舒适性研究[D].武汉:华中科技大学,2006.

[107] RISBERG D,VESTERLUND M,WESTERLUND L,et al. CFD simulation and evaluation of different heating systems installed in low energy building located in sub-arctic climate[J]. Building and Environment,2015,89:160-169.

[108]　亢燕铭,沈恒根,徐惠英,等.辐射地板供暖的节能效应分析[J].暖通空调, 2001,31(4):4-6.

[109]　KARMANN C,SCHIAVON S,GRAHAM L T,et al. Comparing temperature and acoustic satisfaction in 60 radiant and all-air buildings[J]. Building and Environment,2017,126:431-441.

[110]　IMANARI T,OMORI T,BOGAKI K. Thermal comfort and energy consumption of the radiant ceiling panel system[J]. Energy and Buildings,1999,30(2):167-175.

[111]　ANTONIO M,JOSÉ L,FRANCISCO H,et al. A comparison of heating terminal units: Fan-coil versus radiant floor,and the combination of both [J]. Energy and Buildings,2017,138:621-629.

[112]　HU B,WANG R Z,XIAO B,et al. Performance evaluation of different heating terminals used in air source heat pump system[J]. International Journal of Refrigeration,2019,98:274-282.

[113]　杨子旭,张国辉,石文星,等.地板供暖用空气源热泵产品标准关键问题研究 [J].暖通空调,2018,48(2):10-17.

[114]　刘艳峰,刘加平.采用散热器和低温辐射地板供暖的室内热环境与能耗研究 [J].能源技术,2004,25(1):27-30.

[115]　贾洪愿,李百战,姚润明,等.探讨长江流域室内热环境营造——基于建筑热过程的分析[J].暖通空调,2019,49(4):1-11.

[116]　王恩立.间歇采暖工况不同采暖系统能耗及运行策略研究[D].哈尔滨:哈尔滨工业大学,2016.

[117]　HAO X,ZHANG G,CHEN Y,et al. A combined system of chilled ceiling, displacement ventilation and desiccant dehumidification [J]. Building and Environment,2007,42(9):3298-3308.

[118]　SHAO S,SHI W,LI X,et al. Performance representation of variable-speed compressor for inverter air conditioners based on experimental data [J]. International Journal of Refrigeration,2004,27(8):805-815.

[119]　CHEUNG H,BRAUN J E. Performance characteristics and mapping for a variable-speed ductless heat pump[C]//International Refrigeration and Air Conditioning Conference at Purdue 2010.[S. l. : s. n.],2010.

[120]　LI Y,LIU M,LAU J. Development of a variable speed compressor power model for single-stage packaged DX rooftop units[J]. Applied Thermal Engineering, 2015,78:110-117.

[121]　GUO Y,LI G,CHEN H,et al. Development of a virtual variable-speed compressor power sensor for variable refrigerant flow air conditioning system[J]. International Journal of Refrigeration,2017,74:73-85.

[122]　HU M,XIAO F,CHEUNG H. Identification of simplified energy performance models of variable-speed air conditioners using likelihood ratio test method[J].

Science and Technology for the Built Environment,2020,26(1):75-88.

[123] YOON J,BLADICK R,NOVOSELAC A. Demand response for residential buildings based on dynamic price of electricity[J]. Energy and Buildings,2014, 80:531-541.

[124] LI S,ZHANG D,ROGET A B,et al. Integrating home energy simulation and dynamic electricity price for demand response study[J]. IEEE Transactions on Smart Grid,2014,5(2):779-788.

[125] ALIBABAEI N,FUNG A S,RAAHEMIFAR K. Development of Matlab-TRNSYS co-simulator for applying predictive strategy planning models on residential house HVAC system[J]. Energy and Buildings,2016,128:81-98.

[126] CHOU Y T,HSIA S Y,LEE B W. Efficiency enhancement on thermal comfort assessment of indoor space with air-conditioner using computational analysis[J]. Mathematical Problems in Engineering,2014:320-323.

[127] HU M,XIAO F. Price-responsive model-based optimal demand response control of inverter air conditioners using genetic algorithm[J]. Applied Energy,2018, 219:151-164.

[128] KIM D,BRAUN J E. Development,implementation and performance of a model predictive controller for packaged air conditioners in small and medium-sized commercial building applications[J]. Energy and Buildings,2018,178:49-60.

[129] 马超,刘艳峰,王登甲,等. 低温热水辐射地板动态散热特性研究[J]. 西安建筑科技大学学报(自然科学版),2014,46(3):416-421.

[130] 蔺洁,谢静超,陈超,等. 低温热水辐射地板换热器传热简化模型的改进[J]. 北京工业大学学报,2013,039(7):1078-1083,1115.

[131] 刘艳峰,刘加平. 低温热水辐射地板传热平面肋片模型的改进[J]. 哈尔滨工业大学学报,2003,35(10):39-41.

[132] JING Z,JIAYU L. Study on heat transfer delay of exposed capillary ceiling radiant panels (E-CCRP) system based on CFD method[J]. Building and Environment,2020,180:106982.

[133] ZHANG L,LIU J,HEIDARINEJAD M,et al. A two-dimensional numerical analysis for thermal performance of an intermittently operated radiant floor heating system in a transient external climatic condition[J]. Heat Transfer Engineering,2020,41(9-10):825-839.

[134] TYE-GINGRAS M,GOSSELIN L. Comfort and energy consumption of hydronic heating radiant ceilings and walls based on CFD analysis[J]. Building and Environment,2012,54(12):1-13.

[135] HASSAN M A,ABDELAZIZ O. Best practices and recent advances in hydronic radiant cooling systems-Part II: Simulation,control,and integration[J]. Energy and Buildings,2020,224:110263.

[136] WANG Z,LUO M,GENG Y. A model to compare convective and radiant heating systems for intermittent space heating[J]. Applied Energy,2018,215: 211-226.

[137] ZHU Q,LI A,XIE J,et al. Experimental validation of a semi-dynamic simplified model of active pipe-embedded building envelope[J]. International Journal of Thermal Sciences,2016,108: 70-80.

[138] LI A,SUN Y,XU X. Development of a simplified resistance and capacitance (RC)-network model for pipe-embedded concrete radiant floors[J]. Energy and Buildings,2017,150: 353-375.

[139] ZHANG D,CAI N,CUI X,et al. Experimental investigation on model predictive control of radiant floor cooling combined with underfloor ventilation system[J]. Energy,2019,176: 23-33.

[140] 张小卫,赵加宁.低温供暖末端装置评价方法及选择策略[J].节能技术,2009, 27(3): 225-228.

[141] 季广学.基于层次分析理论的住宅供暖末端评价选择方法[D].陕西: 西安建筑科技大学,2017.

[142] 刘艳峰,季广学,王登甲,等.基于层次分析理论的住宅供暖末端择优方法研究[J].暖通空调,2018,048(6): 23-28.

[143] 周翔.采暖空调系统的㶲分析及节能优化研究[D].陕西: 西安建筑科技大学,2015.

[144] 祖文超,左廷荣,王佃友,等.㶲分析法在供暖末端方式选择中的应用[C]//中国建筑学会建筑热能动力分会第十七届学术交流大会暨第八届理事会第一次全会.[出版地不详: 出版者不详],2010.

[145] 薛红香,张霞,王雷,等.基于㶲分析的供暖末端设备节能性研究[J].可再生能源,2010,28(6): 122-124.

[146] 史丽娜,刘学来,李永安,等.四种供暖末端形式下㶲及舒适性的比较[J].洁净与空调技术,2016,4: 11-15.

[147] LIU J,LIN Z. Energy and exergy performances of floor, ceiling, wall radiator and stratum ventilation heating systems for residential buildings[J]. Energy and Buildings,2020,220: 110046.

[148] LI Z,ZHANG D,CHEN X,et al. A comparative study on energy saving and economic efficiency of different cooling terminals based on exergy analysis[J]. Journal of Building Engineering,2020,30: 101224.

[149] 吴晶.辐射对流耦合换热过程性能优化准则分析[J].工程热物理学报,2013, 34(10): 1922-1925.

[150] 过增元,梁新刚,朱宏晔.(㶲)——描述物体传递热量能力的物理量[J].自然科学进展,2006,16(10): 1288-1296.

[151] CHEN Q,REN J X. Generalized thermal resistance for convective heat transfer

and its relation to entransy dissipation[J]. Chinese Science Bulletin, 2008, 53(23): 3753-3761.

[152] WU J, LIANG X G. Application of entransy dissipation extremum principle in radiative heat transfer optimization[J]. Science in China Series E Technological Science, 2008, 51(8): 1306-1314.

[153] XIA L, FENG Y, SUN X, et al. A novel method based on entransy theory for setting energy targets of heat exchanger network [J]. Chinese Journal of Chemical Engineering, 2017, 25(008): 1037-1042.

[154] CHEN X, ZHAO T, ZHANG M Q, et al. Entropy and entransy in convective heat transfer optimization: A review and perspective[J]. International Journal of Heat and Mass Transfer, 2019, 137: 1191-1220.

[155] 江亿, 刘晓华, 谢晓云. 室内热湿环境营造系统的热学分析框架[J]. 暖通空调, 2011, 41(3): 1-12.

[156] ZHANG L, LIU X, ZHAO K, et al. Entransy analysis and application of a novel indoor cooling system in a large space building[J]. International Journal of Heat and Mass Transfer, 2015, 85: 228-238.

[157] ZHANG L, LIU X, JIANG Y. Application of entransy in the analysis of HVAC systems in buildings[J]. Energy, 2013, 53: 332-342.

[158] HE Y, LIU M, KVAN T, et al. A quantity-quality-based optimization method for indoor thermal environment design[J]. Energy, 2019, 170: 1261-1278.

[159] 何玥儿. 基于量质分析的夏热冬冷地区住宅热环境营造技术优化研究[D]. 重庆: 重庆大学, 2017.

[160] 青岛海尔空调器有限总公司. 房间空调器舒适性技术与暖体仿生人舒适性评价方法[Z]. 青岛海尔空调器有限总公司, 2016.

[161] 邱向伟, 殷必彤, 谢鹏, 等. 多风感舒适型房间空调器关键技术研究及应用[Z]. 广东美的制冷设备有限公司, 2019.

[162] 贺杰. 基于提高分体挂壁式空调器的舒适性研究[C]//2017年中国家用电器技术大会. [合肥: 出版者不详], 2017.

[163] 海尔集团公司. 空调送风方法: CN104807161B[P]. 2019-03-01.

[164] 海尔集团公司. 空调送风装置及空调: CN103453636B[P]. 2015-09-02.

[165] 海尔集团公司. 空调送风装置及立式空调: CN104456888B[P]. 2017-02-08.

[166] LUO M, YU J, OUYANG Q, et al. Application of dynamic airflows in buildings and its effects on perceived thermal comfort[J]. Indoor and Built Environment, 2017, 27(9): 1162-1174.

[167] 常州大学. 提高送风气流脉动性能的装置: CN102997344B[P]. 2016-10-19.

[168] 广东美的制冷设备有限公司. 空调送风方法: CN105605736B[P]. 2019-03-12.

[169] 赵玉倩. 局部铺设热水盘管墙体辐射供暖房间热舒适研究[D]. 安徽: 中国科学技术大学, 2015.

[170]　谭畅,李念平,何颖东,等.南方地区局部地面供暖舒适性及节能性研究[J].大连理工大学学报,2018,58(3)：60-67.

[171]　KIM D W,JOE G S,PARK S H,et al. Experimental evaluation of the thermal performance of raised floor integrated radiant heating panels[J]. Energies,2017, 10(10)：1632.

[172]　LEE J,WI S,YANG S,et al. Experimental study and assessment of high-tech thermal energy storing radiant floor heating system with latent heat storage materials[J]. International Journal of Thermal Sciences,2020,155：106410.

[173]　LV G,SHEN C,HAN Z,et al. Experimental investigation on the cooling performance of a novel grooved radiant panel filled with heat transfer liquid[J]. Sustainable Cities and Society,2019,50：101638.

[174]　ROMANÍ J,PEREZ G,DE GRACIA A. Experimental evaluation of a cooling radiant wall coupled to a ground heat exchanger[J]. Energy and Buildings,2016, 129：484-490.

[175]　SHU H,BIE X,ZHANG H,et al. Natural heat transfer air-conditioning terminal device and its system configuration for ultra-low energy buildings[J]. Renewable Energy,2020,154(6)：1113-1121.

[176]　王宏彬.列管式辐射对流空调末端的热工性能试验分析[D].大连：大连理工大学,2014.

[177]　LI T,LIU Y,CHEN Y,et al. Experimental study of the thermal performance of combined floor and Kang heating terminal based on differentiated thermal demands[J]. Energy and Buildings,2018,171：196-208.

[178]　GHEIBI A,RAHMATI A R. An experimental and numerical investigation on thermal performance of a new modified baseboard radiator[J]. Applied Thermal Engineering,2019,163：114324.

[179]　HERNÁNDEZ F F,LÓPEZ J M C,GUTIÉRREZ A F,et al. A new terminal unit combining a radiant floor with an underfloor airsystem：Experimentation and numerical model[J]. Energy and Buildings,2016,133：70-78.

[180]　WANG D,WU C,LIU Y,et al. Experimental study on the thermal performance of an enhanced-convection overhead radiant floor heating system[J]. Energy and Buildings,2017,135：233-243.

[181]　CHAE Y T,STRAND R K. Thermal performance evaluation of hybrid heat source radiant system using a concentrate tube heat exchanger[J]. Energy and Buildings,2014,70：246-257.

[182]　ZHANG L,DONG J,JIANG Y,et al. An experimental study on frosting and defrosting performances of a novel air source heat pump unit with a radiant-convective heating terminal[J]. Energy and Buildings,2018,163：10-21.

[183]　李永赞,胡明辅,李勇.热管技术的研究进展及其工程应用[J].应用能源技术,

2008,06: 49-52.

[184]　JADHAV T S,LELE M M. Analysis of annual energy savings in air conditioning using different heat pipe heat exchanger configurations integrated with and without evaporative cooling[J]. Energy,2016,109: 876-885.

[185]　WAN J W,ZHANG J L,ZHANG W M. The effect of heat-pipe air-handling coil on energy consumption in central air-conditioning system[J]. Energy and Buildings,2007,39(9): 1035-1040.

[186]　YAU Y H,AHMADZADEHTALATAPEH M. A review on the application of horizontal heat pipe heat exchangers in air conditioning systems in the tropics [J]. Applied Thermal Engineering,2010,30(2-3): 77-84.

[187]　ZHAO X,WANG Z,TANG Q. Theoretical investigation of the performance of a novel loop heat pipe solar water heating system for use in Beijing,China[J]. Applied Thermal Engineering,2010,30(16): 2526-2536.

[188]　ROBINSON B S,SHARP M K. Heating season performance improvements for a solar heat pipe system[J]. Solar Energy,2014,110: 39-49.

[189]　ZHANG L Y,LIU Y Y,GUO X,et al. Experimental investigation and economic analysis of gravity heat pipe exchanger applied in communication base station [J]. Applied Energy,2017,194: 499-507.

[190]　田浩,李震,刘晓华,等. 信息机房热管空调系统应用研究[J]. 建筑科学,2010, 26(10): 141-145.

[191]　AYOMPE L M,DUFFY A,MC KEEVER M,et al. Comparative field performance study of flat plate and heat pipe evacuated tube collectors (ETCs) for domestic water heating systems in a temperate climate[J]. Energy,2011,36(5): 3370-3378.

[192]　ROBINSON B S,CHMIELEWSKI N E,KNOX-KELECY A,et al. Heating season performance of a full-scale heat pipe assisted solar wall[J]. Solar Energy,2013,87: 76-83.

[193]　TAN R,ZHANG Z. Heat pipe structure on heat transfer and energy saving performance of the wall implanted with heat pipes during the heating season[J]. Applied Thermal Engineering,2016,102: 633-640.

[194]　ZHANG Z,SUN Z,DUAN C. A new type of passive solar energy utilization technology—The wall implanted with heat pipes[J]. Energy and Buildings, 2014,84: 111-116.

[195]　CHOTIVISARUT N,NUNTAPHAN A,KIATSIRIROAT T. Seasonal cooling load reduction of building by thermosyphon heat pipe radiator in different climate areas[J]. Renewable Energy,2012,38(1): 188-194.

[196]　KERRIGAN K,JOUHARA H,O'DONNELL G E,et al. Heat pipe-based radiator for low grade geothermal energy conversion in domestic space heating [J]. Simulation Modelling Practice and Theory,2011,19(4): 1154-1163.

[197]   HEMADRI V,GUPTA A,KHANDEKAR S. Thermal radiators with embedded pulsating heat pipes：Infra-red thermography and simulations[J]. Applied Thermal Engineering,2011,31(6-7)：1332-1346.

[198]   谢慧.热管辐射地板供暖基础理论研究[D].天津：天津大学,2006.

[199]   张于峰,郝斌,谢慧,等.热管辐射地板供暖的特性[J].天津大学学报,2007(10)：75-80.

[200]   XU S,DING R,NIU J,et al. Investigation of air-source heat pump using heat pipes as heat radiator[J]. International Journal of Refrigeration,2018,90：91-98.

[201]   陈金建,汪双凤.平板热管散热技术研究进展[J].化工进展,2009,28(12)：2105-2108.

[202]   廖小南,简弃非,祖帅飞.不同结构吸液芯的超薄平板热管传热性能研究[J].江西师范大学学报(自然科学版),2019,43(6)：559-564.

[203]   韩天.基于纤维吸液芯结构平板微热管的研究[D].哈尔滨：哈尔滨工业大学,2012.

[204]   赵耀华,王宏燕,刁彦华,等.平板微热管阵列及其传热特性[J].化工学报,2011,62(2)：336-343.

[205]   高天琦,梁文清,任海刚.平板热管散热器传热特性研究及结构优化[J].建筑热能通风空调,2020,039(1)：6-11.

[206]   焦永刚,刘双婷,高博,等.微槽道热管阵列散热器的传热性能实验研究[J].低温与超导,2019,047(12)：67-71.

[207]   丹聃,郭少龙,张扬军,等.平板热管多孔毛细芯等效导热系数预测[J].中国科学：技术科学,2021,51(1)：1-10.

[208]   RANJAN R,MURTHY J Y,GARIMELLA S V,et al. A numerical model for transport in flat heat pipes considering wick microstructure effects[J]. International Journal of Heat and Mass Transfer,2011,54(1-3)：153-168.

[209]   张寒.超薄平板热管的制备及其传热形能研究[D].南京：南京航空航天大学,2019.

[210]   万意,闫珂,董顺,等.微型平板热管技术研究综述[J].电子机械工程,2015,31(5)：5-10.

[211]   JAYACHANDRAN B,SAJITH P P,SOBHAN C B. Investigations on replacement of fins with flat heat pipes for high power LEDs[J].Procedia Engineering,2015,118：654-661.

[212]   田中轩,王长宏,郑焕培,等.LED平板热管散热系统的性能分析[J].化工学报,2017,68(1)：155-161.

[213]   JOUHARA H,ALMAHMOUD S,CHAUHAN A,et al. Experimental and theoretical investigation of a flat heat pipe heat exchanger for waste heat recovery in the steel industry[J].Energy,2017,141(2)：1928-1939.

[214] DIAO Y H,LIANG L,KANG Y M,et al. Experimental study on the heat recovery characteristic of a heat exchanger based on a flat micro-heat pipe array for the ventilation of residential buildings[J]. Energy and Buildings,2017,152: 448-457.

[215] WANG Z,DIAO Y,ZHAO Y,et al. Experimental investigation of an integrated collector-storage solar air heater based on the lap joint-type flat micro-heat pipe arrays[J]. Energy,2018,160: 924-939.

[216] WANG Z Y,DIAO Y H,LIANG L,et al. Experimental study on an integrated collector storage solar air heater based on flat micro-heat pipe arrays[J]. Energy and Buildings,2017,152: 615-628.

[217] JOUHARA H,MILKO J,DANIELEWICZ J,et al. The performance of a novel flat heat pipe based thermal and PV/T (photovoltaic and thermal systems) solar collector that can be used as an energy-active building envelope material[J]. Energy,2016,108: 148-154.

[218] DIAO Y H,WANG S,ZHAO Y H,et al. Experimental study of the heat transfer characteristics of a new-type flat micro-heat pipe thermal storage unit [J]. Applied Thermal Engineering,2015,89: 871-882.

[219] DIAO Y H,YIN L L,WANG Z Y,et al. Numerical analysis of heat transfer characteristics for air in a latent heat thermal energy storage using flat miniature heat pipe arrays[J]. Applied Thermal Engineering,2019,162: 114247.

[220] WANG T,DIAO Y,ZHU T,et al. Thermal performance of solar air collection-storage system with phase change material based on flat micro-heat pipe arrays [J]. Energy Conversion and Management,2017,142: 230-243.

[221] 中华人民共和国住房与城乡建设部.民用建筑供暖通风与空气调节设计规范: GB50736-2012[M].北京: 中国建筑工业出版社,2012.

[222] RAYCHAUDHURI B C. Transient thermal response of enclosures: The integrated thermal time-constant[J]. International Journal of Heat and Mass Transfer,1965, 8(11): 1439-1449.

在学期间完成的相关学术成果

学术论文：

［1］ Sun H, Lin B, Lin Z, Zhu Y. Experimental study on a novel flat-heat-pipe heating system integrated with phase change material and thermoelectric unit［J］. Energy, 2019, 189: 116181.

［2］ Sun H, Wu Y, Lin B, Duan M, Lin Z, Li H. Experimental investigation on the thermal performance of a novel radiant heating and cooling terminal integrated with a flat heat pipe［J］. Energy and Buildings, 2020, 208: 109646.

［3］ Sun H, Yang Z, Lin B, Shi W, Zhu Y, Zhao H. Comparison of thermal comfort between convective heating and radiant heating terminals in a winter thermal environment: A field and experimental study［J］. Energy and Buildings, 2020, 224: 110239.

［4］ Sun H, Lin B, Lin Z, Zhu Y, Li Hui, Wu X. Research on a radiant heating terminal integrated with a thermoelectric unit and flat heat pipe［J］. Energy and Buildings, 2018, 172: 209-220.

［5］ Duan M, Sun H, Lin B, Wu Y. Evaluation on the applicability of thermoelectric air cooling systems for buildings with thermoelectric material optimization［J］. Energy, 2021, 221: 119723.

［6］ Wu Y, Sun H, Lin B, Duan M. Dehumidification-adjustable cooling of radiant cooling terminals based on a flat heat pipe［J］. Building and Environment, 2021, 194: 107716.

［7］ Lin B, Wang Z, Sun H, Zhu Y, Ouyang Q. Evaluation and comparison of thermal comfort of convective and radiant heating terminals in office buildings［J］. Building and Environment, 2016, 106(9): 91-102.

［8］ 孙弘历, 林波荣, 王者, 林智荣. 成都地区居住建筑不同供暖末端能耗与满意率调研［J］. 暖通空调, 2018, 48(2): 30-34.

［9］ 孙弘历, 段梦凡, 赵海湉, 周浩, 庄惟敏, 张翼, 任飞, 林波荣. 国内外南极科考站建筑节能策略［J］. 建筑节能, 2020, 9: 1-7.

发明专利：

[1] 林波荣,孙弘历,张春晖.一种结合建筑环境模拟的室内环境监测系统及方法,CN201710235529.5.

软件著作权：

[1] 南极建筑节能设计优化软件-V1.0,2020SR0641374.

实用新型专利：

[1] 林波荣,吴一凡,孙弘历,段梦凡.一种智能可调的新型被动式屋顶,CN202021856066.8.

[2] 林波荣,孙弘历.一种间歇性分散式一体化半导体高效空调末端,CN201520197782.2.

[3] 林波荣,孙弘历.一种基于半导体制冷制热的辐射窗户,CN201621467625.X.

[4] 林波荣,孙弘历.一种基于半导体制热的模块化辐射地板,CN201621471353.0.

[5] 林波荣,孙弘历,林智荣.一种新型墙体构造,CN201820193500.5.

科研奖励：

[1] 公共建筑室内环境智能监控和节能关键技术研究,华夏建设科学技术奖,省部一等奖,2021.1.8(林波荣；刘荔；周浩；耿阳；余娟；刘彦辰；陈洪钟；孙弘历；段梦婕；王者；洪家杰；张仲宸；武晓影；赵海湉)

致　　谢

光阴荏苒,清华九年的求学生涯,即将在博士的第五年结束。从最开始的无知少年,已经成长为一位建筑环境营造与节能领域略窥门径的科研工作者。一路走来,离不开老师、朋友的指导陪伴。

衷心感谢我的导师林波荣老师,感谢您在这五年时光里的传道授业解惑,指引我逐渐成为一名合格的博士生。您对我而言,亦师亦友:在学习工作中您格物致知、严谨治学的态度培养了我的科研能力、锻炼了我的工作能力;在课余生活中您教会了我为人道理与处世方法,让我在即将步入社会之时胸有成竹,不畏困苦。您实事求是、一丝不苟的工作生活理念在过去、现在和未来都会深深影响我,让我意识到自身的责任与义务,我将在以后的科研、工作、生活中更加努力,以不负您的期望。

衷心感谢朱颖心老师,感谢您在科研生活中一直以来的教诲与指点。您以教育为己任、诲人不倦、格物致知的工作精神影响着一届又一届"建环人",仍记得您对我学习工作中的耐心指导。您为我树立了一个榜样,让我在未来的工作、生活中能够心怀大任,将学科价值发挥出来。

衷心感谢石文星老师,感谢您在过去几年一直对我科研工作的指点与帮助,您的倾心相助让我获益匪浅;衷心感谢刘晓华老师,感谢您对我课题的方向指导建议与论文写作指点,您精益求精的治学精神将指引我未来的工作;衷心感谢李辉老师,感谢您对我课题实验的帮助与建议。

感谢课题组的周浩、余娟、张德银老师,段梦凡、吴一凡、赵海湉、陈洪钟、李紫微、刘彦辰、耿阳、张仲宸、张小曼、陈珂同学,感谢各位对我的指导和帮助,让我得以顺利完成博士课题。

感谢我的室友邓杰文、徐乾世豪、罗奥、何适、魏文罡、马晓明、徐熙、何峻州,是你们的陪伴让我的博士生涯充满了无穷的回忆与欢乐。

最后,深深感谢我的家人,是你们无微不至的关怀、照顾与鼓励,让我有无穷的前行动力。感谢父母的养育之恩与爱人的陪伴之情,是你们的支持坚定了我追求人生理想的信念。祝愿我的亲人们身体健康,诸事顺遂。

本课题承蒙"十三五"国家重点研发计划课题(No. 2016YFC0700303,No. 2016YFC0700106)、国家自然科学基金(51825802)资助,特此致谢。